U0078938

職場三缺一

公司不能沒有我

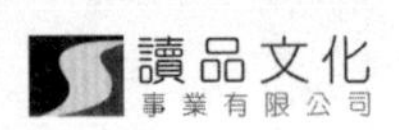

www.foreverbooks.com.tw

yungjiuh@ms45.hinet.net

全方位學習系列 75

職場三缺一：公司不能沒有我

著　吳麗娜
出 版 者　讀品文化事業有限公司
責任編輯　賴美君
封面設計　林鈺恆
美術編輯　鄭孝儀

總 經 銷　永續圖書有限公司
TEL ／(02)86473663
FAX ／(02)86473660
劃撥帳號　18669219
地　　址　22103 新北市汐止區大同路三段 194 號 9 樓之 1
TEL ／(02)86473663
FAX ／(02)86473660
出 版 日　2020 年 10 月
法律顧問　方圓法律事務所　涂成樞律師

國家圖書館出版品預行編目資料

職場三缺一：公司不能沒有我／吳麗娜著.
--初版. --新北市 ： 讀品文化,
民 109.10　面； 公分. -- （全方位學習系列：75）
ISBN 978-986-453-128-8 (平裝)
1. 職場成功法
494.35　　109012130

前言

在這個個人能力為主的時代，你有足夠的信心打敗別人嗎？

市場在競爭中淘汰落後的公司，理性的公司也利用競爭淘汰沒有能力的個人。

地球少了誰都還會繼續運轉下去，然而公司卻不見得。面對龐大的「新人部隊」，有些人依舊牢牢佔據著公司裡最核心的位置。他們不是老闆，卻比老闆更有地位。因為，他們是公司不可缺乏的核心人才。一旦沒有了他們，公司便將陷入窘境。所以，就算炒掉所有的人，他們的位置還是穩若泰山。因為，公司不能沒有他。

那麼，什麼樣的人才是公司最重視的核心人才？他們往往有著一些共通性的素質：

能夠準確的為自己定位；

從精神和行動上忠誠於公司和主管；

是很好的團隊成員，在團隊中受人愛戴，善於合作和溝通；

渴望進步，在前進的路上不斷給自己充電，讓自己永遠都是公司的新血；他們甘當副手，深得主管器重。

他們還是很好的管理者，不但可以管理好自己，下屬也對他們心悅誠服……

當你已經成為公司或者所在團隊的核心力量時，那麼公司就再也不能沒有你了。你在這個企業的地位已經被肯定，你是公司發展的中流砥柱，在高層和員工之間你是重要的橋梁。

問題在於，你怎樣才能成為公司不能沒有的那一位「Mr. right？」顯然，你需要的不僅僅是一兩條建議！而是從為人處事到上下級關係再到專業技能的全面改善。

別擔心，儘管看起來艱難，你可以從本書中得到一些答案！我們會為你打造一個全新的改善計畫，從人際關係到業務能力，從危機處理到工作態度，讓你從裡到外煥然一新，成為公司不能沒有的核心人物！

你，還在猶豫什麼呢？開啟一個屬於自己的時代吧！

Contents

職場三缺一：公司不能沒有我

如何管理下屬

擁有幾位下屬，給他們分配一些工作，別以為做個上司就是這麼簡單。如果你沒有發揮領導的魅力，不具備管理別人的才能，只靠「命令」是無法讓下屬工作得心服口服的。

Contents

忠誠—企業最欣賞的美德

不論你有多大能耐，多少本事，如果不能忠心耿耿的為公司做事，那這些能耐與本事對這家公司來說也是毫無用處。

5

責任感時刻在肩上

事實上，只有當你對一件事、一份工作抱著負責任的態度，才能夠竭盡全力把它做到最好；無論對於艱巨的任務，還是出錯的狀況，都能夠勇於承擔責任，唯有如此，才能贏得別人的信任，也才能贏得更多的機會。

職場三缺一：公司不能沒有我

6

團隊精神成就你的核心地位

如果你能夠完全瞭解一個核心成員發揮的作用，按照一定的條件和技巧，就能夠輕鬆成就你的核心地位。

Contents

7 客戶不能沒有你

如果你掌握了客戶，具備讓客戶忠實於你的能力，那你還有什麼理由不成為公司的重要人物呢？當客戶需要你的時候，公司就更加會非你莫屬。

8 態度決定一切

有些人消極怠工，有些人積極奮鬥；有些人成為老板眼中的紅人，有些人老闆總想趕他走人。區別在哪裡呢？工作能力上有著天壤之別嗎？這並不能成為主要理由。真正的原因在於每個人不同的工作態度。

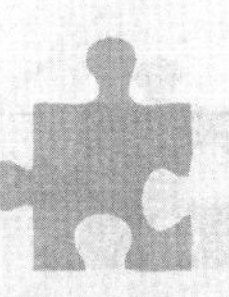

職場三缺一：公司不能沒有我

9

危機才是最好的機會

企業無時無刻不在危機中，當一切平靜時，如果你並不能凸顯本事，而在危機中能夠冷靜處理問題，就能夠表現出你的能力了。

第1課 能力是表現出來的

當你對自我定位有了充分的認識後，當你圍繞著職業規劃，對你看中的公司展開行動，這時，這家公司就已經是你的囊中之物了。

01.

瞭解自己是開始

你擅長什麼？

有些人一輩子從事一份職業，一直到老都是碌碌無為。雖然兢兢業業，可也能一事無成，這樣的職業生涯也可算是失敗的。企業渴望得到的是可以為它創造財富的人才，因此從這種角度來看，無功就是過。為什麼努力者卻得不到應有的回報呢？難道是因為天生資質愚笨嗎？恐怕不然。除了智力有缺陷，這個世界上沒有真正愚笨的人，而一些人之所以不能出類拔萃，一個原因是他自身不夠努力，如果努力沒有回報，只能證明他沒有認識到自己的潛在能力，不瞭解自己擅長做什麼，不擅長做什麼。

著名的游泳名將菲爾普斯，在2008年的奧運會上勇奪8

金，震驚了全世界。人們驚呼：菲爾普斯是為游泳而生的！如果這位天才當年不是因為過動症被母親送去游泳治療，這個長手短腳連走路都很容易摔跤的孩子，恐怕永遠不會和天才這個名字搭在一起，世界泳壇也會失去一個奇蹟。發現你的特長，也許你就會成為職場中的菲爾普斯。

聰明的你可能會輕而易舉的得到一份工作，但往往在工作一段時間後，你就開始產生厭煩的情緒。這時不是公司不能沒有你，反而是你想離開公司。幾次這樣半途而廢之後，你的職業生涯好像仍停留在原點，究竟你哪裡出了錯？這時千萬不要輕易的否定自己，之所以有這樣的反覆行為，是因為你還不瞭解自己的工作特點，當你找到了適合你的領域，自然能在這個領域內發揮出色。仍舊感到迷茫的你，可以做一下下面的測試，它可以更幫助你瞭解你的能力傾向。

在以下描述中，請在符合自己情況的句子後面打「∨」，反之打「X」。

♦精力集中

①聽別人說話時常常心不在焉。

②工作時，往往急於想做另一項工作。

③一有擔心的事情便終日縈繞心中。

④工作時，常常想起毫不相干的事情。

⑤工作時，總覺得時間過得太慢。

⑥被別人指責時的情景始終不會忘記。

⑦有時忙這忙那，一天的時間什麼都想做。

⑧想做的事情很多，卻不能專心於一件事情。

⑨開會時，常常呵欠不斷。

⑩ 說話時，有時會無意識地說起其他事情。

⑪等人時，感覺時間長得難熬。

⑫對剛看完的書會重新讀好幾遍。

⑬讀書不能持續兩小時以上。

⑭做一件事，時間長了就會急躁地希望早點完成。

⑮工作時，很清楚周圍人的說話聲。

計算「X」的數量，「X」越多表明集中力越高。

♦集中力：

將注意力聚焦於目前工作的能力。集中力低的人易被外界刺激分心所干擾，不容易靜下心來完成較複雜或需要時間及耐心的工作，但他們容易發現新鮮事物和轉瞬即逝的好機會，也更能把握住機會，適合於與人打交道的工作。而集中力高的人比較能夠靜下心來完成一件較為龐雜的工作，工作中也較耐心、細心，適合於科研、具體操作專案、設計規劃等工作。

◆轉換能力：

①發生不愉快的事情不易忘卻。

②一有麻煩難辦的事情，總是記掛在心。

③常常閱讀相同性質的圖書。

④如果改換不同的服裝會渾身不自在。

⑤交往的朋友大多是興趣想法一致的人。

⑥對參加會議和娛樂活動不積極。

⑦往往執著於小事。

⑧不適宜做連續不斷的工作。

⑨時時注意他人的言行。

⑩喜歡把眾多的事情集中起來處理。

⑪與比自己年輕的人共同語言較少。

⑫與性格不同的人不大說話。

⑬不喜歡受時間表的約束。

⑭過去和現在，都不大改變興趣和愛好。

⑮對頻繁調換各種交通工具感到疲倦。

計算「X」的數量，「X」越多表明轉換力越高。

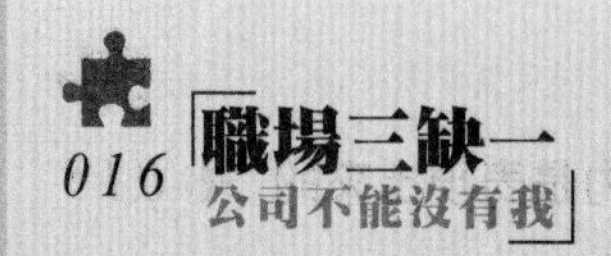

◆轉換力：

在工作中轉移負面情緒的能力。轉換力較好的人能夠及時化解令人沮喪的情緒，忘記令人不愉快的人和事，讓自己在工作中時刻保持較好的精神狀態，工作中與人打交道能力也較強，同事關係一般較好。

而轉換力較差的人比較敏感，有時候甚至有些多疑，在工作中常常會因為一點小事情而耿耿於懷，讓自己陷入不良的情緒之中，同事關係也較緊張。

◆開拓能力：

①上床後立即入眠。

②對要緊的事立即作記錄，忘記其他的事情。

③常常直言不諱說出自己的想法。

④對某事產生興趣後，往往從理論上探討其原因。

⑤與人交往時暢所欲言。

⑥經常遺忘一些小事情。

⑦比一般人會玩。

⑧一聽到音樂便興致勃勃。

⑨早晨醒來總是精力充沛。

⑩有業餘愛好，經常進行體育活動。

⑪遇到頭痛的事並不怎麼煩惱。

⑫喜歡唱歌跳舞。

⑬妥善解決問題後往往有解脫感 。

⑭很少胸痛和胃痛。

⑮因為容易遺忘小事，養成記筆記的習慣。

計算「∨」的數量，「∨」越多表明開拓性越強。

♦開拓性：

果斷做決定且敢於承擔責任的能力。開拓性強的人是樂觀主義者，他們相信事情總會往好的方向發展，他們也願意為自己的決定承擔責任，因為他們往往把事情的風險看得不那麼嚇人。開拓性低的人往往在投資和事業上較為謹慎保守，很多時候可能導致錯失良機。或者做出決定卻不敢承擔風險，導致放棄。

♦靈敏程度：

①喜歡專心一項工作。

②基本上和同一朋友交往。

③不喜歡擴大工作和愛好的範圍。

④喜歡按慣例辦事不願標新立異。

⑤常被人說頭腦固執。

⑥不喜歡與思維方法、生活方式不同的人一起工作。

⑦不大願意接受與自己不同的意見。

⑧不大喜歡改變生活環境。

⑨工作不按部就班便感到不滿意。

⑩對新主管不能很快熟悉。

⑪被吩咐做不願做的事情會束手無策。

⑫不大喜歡托人辦事。

⑬不大喜歡耍小聰明。

⑭對突發事件不能馬上適應。

⑮不喜歡同時做不同的事情。

計算「X」的數量，「X」越多表明靈敏性越高。

♦靈敏性：

處理事情時能夠隨機應變並表現出較大的彈性。靈敏性高的人遇到困難善於採取迂迴策略來解決問題，在新的環境中能夠很快適應並融入新的工作，接手從未做過的工作也能較快上手。靈敏性較低的人則不容易適應新環境，接受新事物，在處理事情方面也較為呆板，不容易靈活變通，但此類人較能堅持原則，適合於從事公檢法方面的工作。

♦言行周密性：

①比起記憶更依賴於筆記。

②早晨很早就醒來。

③不過量飲酒。

④常常一日一次坐禪休息。

⑤不吸菸。

⑥不大攝取甜食。

⑦經常吃豆類、果實類食物。

⑧經常思考總結存在的問題。

⑨無論何時何地都能充分地鬆馳。

⑩呼吸既深又長。

⑪每天帶著自我啟發的目標去工作。

⑫平時多吃蔬菜。

⑬不喜歡曖昧的言行。

⑭每天進行全身運動。

⑮經常心情愉快地工作。

計算「Ｖ」的數量，「Ｖ」越多表明周密性越好。

◆周密性：

遇事考慮周全，能夠將事情的各方面都處理好。周密性較好的人往往思維縝密，嚴謹，能夠客觀的看問題，不易陷入是非黑白不分或者人云亦云之中，能夠經常透過深刻的內省來反思過去的經驗教訓，並將其運用在目前碰到的事情。周密性較差的人除了經驗不足，還常常表現出思維較單一、思考深度不夠、不能抓住事物的問題。

經過了上面的自我檢驗，也許你會被結果嚇一跳，繼而會產生一些疑問和抱怨：我竟然還有這方面的特長？為什麼我當初沒有去從事某個行業？原來我在我不擅長的事情上浪費了這麼久的時間。

其實，大可不必為此感到後悔或者抱怨。相反，應該慶幸的是一你在一個不算晚的時候重新找到了自我。現在的你應該摒棄過去那些對自己的否定，重新定義自己的價值，明確自己想要什麼，然後利用自己的優勢來達到目標。最後不再聽別人的人云亦云，制定一份專為你自己量身定做的職業規劃。當一切都準備就緒時，相信自信的你已經邁出了通往成功的第一步。

能力是表現出來的

一項工作並不是非你莫屬，
如果你不主動表現自己的能力，
自有別人爭先恐後的表現。

能夠在職場廝殺，每個人都有自己的兩把刷子，或是善於交際，或是擅長技術……

但很多人都不懂得如何展現這些「刷子」，相信「是金子總會發光」於是等待別人來挖掘？別開玩笑了！

現在的社會，最缺乏也最不缺乏的就是人才。一項工作並不是非你莫屬，如果你不主動表現自己的能力，自有別人爭先恐後的表現。

所以，不管你的那兩把刷子是什麼，都不能把它們藏起來默默地工作。給它們表現的機會，把你的能力SHOW出來。

凱文最近很火大，為什麼自己明明非常努力的工作，沒有得到任何讚揚就算了，得到的卻是老闆的一頓臭罵？

事情要從一個月前說起。

凱文是做企劃的，一個月前，公司承接了一個大案子，而這個任務落到了凱文的身上，於是原本一向低調做人的凱文便默默地、有條不紊的做起了這個工作。

論工作能力，凱文無話可說，絕對在公司中無人能比，但論「要心計」，凱文可就遜色多了。

無論是做出了什麼傲人的工作成績，還是靈機一動想出了什麼絕妙的點子，同事們都會大張旗鼓的在老闆面前聲張邀功。於是在各式各樣的大小會議上，總能聽到老闆「無意」的表揚凱文的同事。

不過這樣的事在凱文身上卻沒有發生過。因為他從不「張揚」，他認為工作是靠做而不是靠說，成績也是做出來的，如果沒有腳踏實地的工作，只是嘴上討好和用「誇張」的形式表現，是沒辦法在職場生存下去的。要老闆表揚也不必向他報告，各式各樣的計劃、表格，電腦裡的資料備份，不都在那兒擺著嘛！還用得著自己費心說明嗎？

然而凱文這種低調卻沒能得到什麼好結果。在做這個企劃時，凱文一如既往的努力，不但按部就班的實施計劃，遇到麻煩和問題時，還常常主動加班，即使這樣，他也不會因為加班向老闆邀功，他認為這是他份內之事。

沒想到凱文小心謹慎的工作卻由於客戶的猶豫和反覆而耽擱了，這讓老闆大發雷霆，在開會的時候當著所有同事的面把凱文大罵一頓，說他工作效率低，缺乏周密的計劃，更沒有與客戶及時溝通……總之，所有的事情都是凱文的錯。

這真讓凱文有些怒火中燒，他對工作從來沒有放鬆過，更沒有人質疑自己的工作方法，而這一次的事情完全是因為客戶的問題，並不是因為他沒有跟客戶溝通。而老闆不問情況就劈頭的把凱文臭罵了一頓，他當即決定做完這個案子就離開，反正已經有別家公司來找過他好多次了。

不過就在凱文已經打定了主意要離開的時候，同事的好心勸言卻讓他停住了腳步：「凱文，你別那麼傻了，做了那麼多事從來都不說，你以為老闆真的知道你在做什麼嗎？真的知道你這麼辛苦嗎？別光做不說，一味的埋頭苦幹，你是做企劃的，怎麼不懂得幫自己做做宣傳呢？……」

凱文恍然大悟，不管自己是在這家公司，還是跳槽走人，如果他還不懂得為自己作宣傳的話，走到哪裡都會吃虧。

自身擁有傲人的能力，這的確會令人伸出大拇指，但光有能力還不足以成大事，也要懂得適時的表現，將能力展現在他人面前。這就好像動物中的孔雀，不管傳說中的孔雀開屏有多漂亮，人們總是會見到那一刻時才會為之感動，並留下深刻印象。

所以，在競爭激烈、人才輩出的職場中，要做一個懂得及時開屏的孔雀，要及時的表露才華，才能夠脫穎而出。

實戰練習

在上司面前SHOW出你自己

不管你有多高的理想和目標，在職場中的第一步是表現出自己，唯有如此，才能夠為自己創造機會。如果被上司忽視，就會出現幹活最多、獎賞最少、機會最少的局面。所以，想要讓上司關注自己，就要懂得在上司面前SHOW出自己：

一、換個角度看問題

不要認為在上司面前表現就是好大喜功、弄虛作假、拍馬屁的行為，對於自己辛苦工作，要得到某種報酬才算是有價值，而這種報酬不僅僅表現在薪水上，還應當表現在上司的認同度上。所以，只有讓上司知道你做出了哪些貢獻，才是物有所值。

二、製造印象

如果上司沒有一雙善於發現的眼睛，就需要你自己在他眼中製造印象，所以不管你的工作任務是什麼，有意無意地給上司報告進度與狀況，噓寒問暖一下也是有必要的，可以定期的給上司發Email，列出你在工作時遇到的問題或者對工作的新想法，但注意不能太過頭。

三、主動應戰

對於新的工作任務，不要等到上司分配，如果認為自己有能力勝任的話，也可以主動應戰，向上司提出申請，這樣「勇敢的戰士」一定會得到上司的青睞。

03.

你會輕信他人嗎？

人與人之間的確應當留有一定的信任空間，
尤其是那些需要與其他人配合的工作。

牧雲感覺身心疲憊，為公司裡裡外外操心，沒日沒夜工作的他現在卻背了一身的罪名，就算跳進黃河也洗不清了。

想來想去，牧雲也沒辦法找到正確答案，怪，只能怪自己對其他人太信任了。

牧雲憑藉能力出眾，一路披荊斬棘，從同事之中脫穎而出，成為新任的生產部主管。上任才一個星期，牧雲就接受了巨大的挑戰——一個新產品的訂單，這讓他感覺異常的興奮，因為這不僅僅是一次挑戰，更是展示自身能力的大好機會，說不定憑藉這樣的挑戰，他能夠在職場中更上一層樓。

剛剛接到訂單的那幾天，牧雲每天都在為這個任務興奮、忙碌著。不用喝咖啡也精神抖擻的。接下來，牧雲就開始設定目標，做整體規劃，然後給下屬安排工作。牧雲的手下也都是一群「能征善戰」的精兵強將，所以，對於能否圓滿地完成這件工作，牧雲毫不懷疑。

牧雲認為一切都在自己的掌握中按部就班的進行，當然，升了主管的他再也不用像從前那樣什麼事都親力親為了，他的工作重心已經轉移到制定目標、計劃，幫助下屬解決疑難問題這些事情上。因此，他也就沒對下屬的工作進度做過多的關注。

下屬的一個回報讓牧雲的美夢破碎了。「什麼？你們還沒有接到新產品的材料？」想到還有幾天就要交貨了，牧雲覺得頭大了起來，「那為什麼不早點向我報告，為什麼不跟客戶聯繫？馬上就要交貨了，這麼大的一筆訂單一時之間可搞不定的……」

牧雲覺得自己有些語無倫次了，這也不能怪他，畢竟他認為自己已經將任務安排分配的很清楚了，而且從未預計到會有這樣的情況。

原來，負責與廠商接洽的採購人員向牧雲請了一個月假，而牧雲對這名員工很瞭解，知道他辦事穩妥，也相信他在放假之前一定已經將工作交代給其他同事了。而事實上，那名員工匆匆忙忙地放假去了，卻沒有交代任何事情。

經過與客戶的協商，公司得以延遲幾天交貨，並且沒有得到任何來自客戶方面的責怪，公司也沒有損失，可是這件事卻讓牧雲在上司的心目中大打折扣。

人們都認為牧雲沒有盡好做主管的責任，統籌規劃自己部門的任何事，這是他的職責所在。而牧雲卻希望給屬下更多的自由和權利，讓他們的才能得以發揮，卻沒想到太過信任了人。

人與人之間的確應當留有一定的信任空間，但是這樣的信任應不應當完全表現在工作中卻值得懷疑。很多時候，你的出發點是善意的，卻常常因為過於信任人而得到壞的結果。尤其是那些需要與其他人配合的工作，就更應當留有一定的餘地，千萬不要將希望寄託在別人身上。

實戰練習

你是輕信他人的人嗎？

一、你如何設置提款卡的密碼？

A. 特別的數字

B. 數位和字母等不同元素的隨機組合

C. 生日或者電話號碼

二、shopping 時，店家找給你的零錢，你會數嗎？

A. 當然，而且要一張一張數清楚

B. 數目比較多時會數一數

C. 不會，給多少全部放進錢包

三、在 ATM 機上取款或辦理業務時，你會列印明細嗎？

A. 一定要

B. 要，而且要查對清楚

C. 不要

四、普通朋友向你借錢，你會借嗎？

A. 普通朋友，不借

B. 只要寫借條就借

C. 少的話會借

五、買東西時贈送的其他禮品，你會使用嗎？

A. 會

B. 不會，送人

C. 要看禮品的價值而定

六、你會把提款卡交給戀人保管嗎？

A. 不會

B. 結婚了才會

C. 感情好的話就會

七、你有誰都不知道的祕密嗎？

A. 記不清

B. 有

C. 沒有

八、你能夠對另一半坦白所有的一切嗎？

A. 不能

B. 說不清

C. 能

九、你的追求者說「我這輩子只愛你一個」，你會相信嗎？

A. 不信

B. 半信半疑

C. 完全相信

十、朋友臨時推掉與你的約會，你會認為？

A. 相信他的理由

B. 他一定有緊急的事但又不方便說

C. 他不想同你約會

♦得分表：

	1	2	3	4	5	6	7	8	9	10
A	3	3	3	3	1	3	2	3	3	1
B	2	2	2	1	3	2	3	2	2	2
C	1	1	1	2	2	1	1	1	1	3

♦測試結果：

A、10－14分，信任指數：★★★★★

單純的個性是你對他人的信任程度幾乎達到了100％。也正因為如此，你身邊的人都喜歡跟你交朋友，因為跟你在一起幾乎沒有任何壓力，不過這其中也不排除那些有惡意的人。對人絲毫沒有懷疑之心也容易讓人上當受騙，甚至受到傷害。

B、15－18分，**信任指數**：★★★★

你個性善良，也十分聰明。儘管你知道這世界有善人惡人之分，但你寧願把人都往好的方面想，不喜歡動不動就去懷疑別人。所以，雖然常常成為吃虧的那個人，你也不願去計較誰是誰非，或是誰占了多少便宜。你會隨和的認為「吃虧就是佔便宜」，因此，你也似乎無法避免常常發生吃虧的情況。

C、19－22分，**信任指數**：★★★

你有獨立的思考能力，再加上豐富的人生經驗，使你能夠明辨是非。你對他人的基本態度是信任的，但卻不會感情用事，即使對待同一個人的態度，也要根據實際情況來做出判斷。因此，你不會對人嚴加防範，也不會輕易被人欺騙，讓他人占了你的便宜。

D、23－26分，信任指數：★★

你的朋友不是很多，這大概與你的交際能力關係不大，多半是因為你不相信人的態度決定的，能夠成為你的朋友，這樣的人必定是你十分瞭解的人。你對於任何事情都會過分理性和客觀的分析。即使對於朋友的態度，也總是想要分析得頭頭是道，這樣認真和理性固然不錯，但過分執著使得你很難相信別人，也顯得很不「可愛」。

E、27－30分，信任指數：★

你的自我保護意識十分強烈，能夠得到你信任的人少之又少。你只會相信那些和你相處多年，並且你又十分熟知瞭解，能夠經得住你考驗的人。即使是父母兄弟，你也不會向他們完全吐露心聲。你認為這個世界上唯一能夠百分之百信任的就是你自己。除此以外，沒有第二個人。

04.

人情也是能力成本

有些時候，人情也挺管用的。

現在人們每天要忙要做的事情很多，為了自己的生計和發展每天都忙的天翻地覆，但也不能因此而冷落了身邊同事。對於同事們的請求，偶爾也要伸出援助之手。正所謂「舉手之勞」，有些時候對你來說可能就是一兩分鐘就能搞定的事，可是對別人來說可能就是一個很「大」的忙。

這樣做有什麼好處？雖然幫人並不能祈求將來一定有所回報，但這樣做並非沒有益處，有時候人情積多了，事情也就好辦了。當然，這裡的人情指的是別人欠自己的人情。

經常幫助人，不要顧及眼前的利益，將眼光放得長遠些，有時候往往能夠得到意外的幫助和收穫。

育志是個樂於助人的年輕人，上學時他自己打工賺學費，也因此結識了不少「客戶」，儘管他只是個送牛奶的。但是育志認真負責的態度給每個人都留下了深刻的印象。

一天，他早早起床，照例先送牛奶，然後去上課。

送完牛奶去學校的路上，育志突然看到了一個牛皮紙袋子，他撿起袋子打開一看，裡面裝了一大堆文件，儘管他不知道這些是做什麼用的，也不知道是誰丟的，但看起來，這些可不是普普通通的廢紙。

如果這些是緊急或重要的資料，那遺失文件的人一定十分心急。於是，育志決定在這裡等待資料的主人，因為他已經送完了全部牛奶而且離上課還有一段時間。但是最後他錯過了上課的時間，仍然等不到文件的主人。

育志快要睡著了，這時候看到一個人匆忙地趕來。那個人在附近仔細的查看，看起來正在尋找某樣東西，那個人有點絕望的向他詢問到，「請問你有沒有看到一個牛皮紙的袋子？」那個人緊鎖眉頭，看起來焦急萬分，但對於育志的回答似乎也不抱什麼希望。

當他看到育志從背包中拿出那個牛皮紙袋子的時候，他的眼神從絕望到充滿希望，嘴角頓時上揚快到了耳邊。他激動地擁抱育志，開始語無倫次的說著感謝的話，並且要給他一些錢作為感謝。但他並沒有接受，而是很開心地看到物歸原主，然後匆匆地趕回學校了。當然，匆忙之中，他並沒有給那個弄丟資料的人留下任何聯繫方式。

很快，他大學畢業了，當大家都為找工作而忙碌和焦慮的時候，他也是一樣的心煩，但他卻不知道好運正在慢慢靠近。

收到一家知名公司的面試通知，育志前一天晚上幾乎興奮得睡不著覺，不過為了保持充沛的精力，他還是強迫自己要休息。第二天，他心情緊張得來到這家公司。當看到面試官的一剎那，他和面試官同樣用驚訝的眼神看著對方。原來面試官就是那個當年弄丟資料的人。而那時候他只是個小小的業務員，可是沒想到幾年後竟變成了這家公司的主管。

結果可想而知，雖然這家公司是別人擠破了頭都想進來的公司，但育志卻輕鬆通過了。因為那個面試官對他印象十分深刻。他深信育志是他們公司需要且難得的人才。

實戰練習

對待不同人情成本，需要怎樣處理（不同人脈關係的處理方式）

並不是所有的人情成本都要一樣對待，如果處理不好這樣的關係，反而會適得其反，得了這個人的人情，卻丟了另外一個，甚至會兩敗俱傷。

一、對待直接主管

首先要分清楚自己的份內事與份外事。不要認為直接主管是自己的上司，他的命令就要無條件全部服從。有些時候，上司們也常常喜歡把公私混為一談，所以在接受命令之前，你自己就要搞清楚，什麼是自己的職責所在，哪些事是幫忙。比如你可以幫上司泡杯咖啡，或影印，但如果幫他在你上班的路上買私人用品，那就是幫忙了。而在這種情況下，你與上司說話的語氣就不要像報告工作那樣嚴肅，而是可以向朋友那樣輕鬆「一些」（注意也不能過分輕鬆），讓上司明白，你是在幫他的忙。

二、對待其他部門主管

對待其他部門的主管，你要清楚地認識到，他們並不是能夠直接交代你的工作的人，所以，如果他們交代給你任務，你最好不要接受，或是先徵得自己上司的許可，否則，被你的上司知道，他會認為你對本部門不滿，或是有取而代之的想法。

三、對待同事

對待同事，能夠買人情的地方就多了。因為你們擁有同樣的工作環境和相近的工作內容，並且在溝通上也不需要像對待上司和下屬那樣嚴肅。但是要確保你在賣人情的時候沒有搶了別人的功勞。避免幫了一個人，卻傷害了另外的人。

四、對待下屬

有些對於下級的指導是簡便且順手的，也許只是一句簡單的話，你可以把它當作職場生涯的一個沒什麼大不了經驗，而它對於你的下屬來說可能就是避免走錯路的法寶。所以，有些時候，一句話並不是徒勞無功的。

管理你的上司

傑克・威爾許曾經說，當一個職業人擁有「自己喜愛的工作」、「支持自己的家庭」以及「賞識自己的上司」，那麼他就是一個幸運的傢伙。

對上司的管理需要更多的智慧和巧妙的方法。例如，如何在上司面前展露才華卻不招致嫉妒？如何讓上司成為你職場升遷源源不斷的推動力？……

01.

要學會「自我犧牲」

「自我犧牲」並不是損失了權益，相反，
是為自己爭取更多權益的一種手段。

有些人能力出眾，很少犯錯誤，對待同事上司都很禮貌、和氣，卻總是得不到上司的賞識；而有些人看起來沒什麼真本事，又總是不時地犯些大小錯誤，可是卻偏偏能得到上司的重用。

上司是瞎了眼嗎？並不是！

後者之所以看起來沒什麼本事，又常常犯錯，那是因為他將功勞讓給了上司，而上司的責任他也會主動攬到自己身上。

作為公司老闆，在傑文身邊工作的人，都認為他是一個

「極端」固執的人。任何來自下屬的意見都不被他採用。儘管傑文極有才能，但他的自負讓他認為別人的意見都是不可取的。但是，有一個人是獨一無二的例外，這個人就是他的助理偉俊。

難道偉俊會用迷魂藥？當然不是！不過他的確有高招。

一次，偉俊與傑文兩人在辦公室閒談，偉俊明知傑文不容易接受別人的建議，但還是盡自己所能，並且以一種極不留意的態度向傑文闡述了一個方案。而這個方案是他經過苦心研究，並且認為相當切實可行的方案，因此語氣中也帶著理直氣壯的堅定。

然而出人意料的是，他的方案沒有得到與其他同事不同的命運。傑文當場就對偉俊說：「你的方案沒什麼意義，不過我願意聽聽你的想法。」

偉俊的方案真的沒什麼意義嗎？事實並非如此，數天之後的一次大會上，偉俊很吃驚地聽到傑文正在把他數天前的方案作為他自己的想法來宣佈。

透過這件事，偉俊恍然大悟，傑文並不是聽不進他人的話，而是他不喜歡這樣的功勞被他人奪去從而搶了他的風頭。

偉俊並沒有因此而氣餒，而是更加頻繁的在「閒談」中透露自己的想法，當然，是在只有他們兩人的場合中。

公司的同事突然發現，偉俊並沒有做出什麼突出的成績，但卻似乎越來越被老闆器重。沒人知道其中的原因，但是，偉俊自己當然明白。

好的主意不一定都要貢獻給上司，但是如果以你的名義和你上司的名義向老闆彙報一件事或者提出一個意見，哪一種能夠得到更多的關注呢？如果上司因為你的錦囊妙計而飛黃騰達的時候，他又怎麼會忘了你這個提議者呢？事實上，這要比上面頂著總是無法升職的上司，而自己也沒辦法提升要好得多。

所以有些時候，「自我犧牲」並不是損失了權益，相反，是為自己爭取更多權益的一種手段。

但是，這種策略的前提是你擁有一位好上司，他不會把下屬的功勞據為己有，然後將下屬一腳踢開；他不會心胸狹小的時時刻刻防範你而不是重用你；他不會得了便宜還賣乖，表面上佔有功勞而內心裡也認為這是自己「才華」的表現。

當你遇到一個真正會做人做事的上司，才能夠偶而「犧牲」自己，助他一臂之力，以換取日後更為豐盛的回報。

實戰練習

黑鍋，你該不該揹？

雖然把功勞留給上司，或是替上司揹黑鍋是「討好」上司的一種方法，但也不代表什麼黑鍋都能替上司揹。為人處世，首先是要保護自己，所以在揹黑鍋討好之前先要看清這是什麼樣的黑鍋。以下幾種黑鍋是打死也不能揹的：

一、重大的惡性事故

那種能夠造成較大經濟損失或政治、社會影響的事故，一定不能揹黑鍋，而且還應當據理力爭。也不要因為怕得罪上司而將苦水往自己肚子裡吞。

二、觸犯法律

遇到這樣的事替上司揹黑鍋，就等於給自己找麻煩。

三、為其他人推卸責任

如果上司希望你替其他人揹黑鍋，那你可千萬不要答應。這擺明著上司重視那個人勝過你，也許可以用一兩句好話哄你替他人頂罪，但事後上司未必能夠記得你的好。所以這種虧可千萬不要吃。

02.

「閒聊」式的嘮叨

以隨意的方式嘮叨兩句，

也許就能夠輕鬆解決問題。

嘮嘮叨叨的總是會讓人覺得心煩，就好像周星馳演的《齊天大聖東遊記》中的唐僧師傅那樣，讓人有種想要扁人甚至自殘的想法。但是也有一種嘮叨，不但不會讓人心亂如麻，還能夠真正起到「諫言」的作用，讓上司把你的話聽進去。

很多上司都會受到「自我尊嚴」的困擾，為此，他們很難放下身段，仔仔細細的聽來自於下屬的意見，這就會給人一種「唯我獨尊」的感覺。這樣的個性不僅僅會讓其他人覺得有些反感，更為重要的是他往往會間接造成公司的損失，因為很難保證上司的決定永遠是對的、最好的。

而在一個有「獨裁」傾向的上司手下工作，不但會束縛自身的發展——時間久了就不會懂得獨立思考，更容易受到公司的牽連——由於上司決策錯誤而導致公司的損失也將間接的影響到員工的福利，就如同經濟危機之下，幾乎任何人都受到牽連一樣。所以，如果你能夠成為一個讓「獨裁」上司聽進話的下屬，就一定會受到上司的倚重。

身為王經理的助理，承宇就是這樣一個聰明的下屬。為了讓王經理採納他的意見，他還準備了特別的策略。

策略一：「閒聊」式的嘮叨

與其他人的義正言辭的提出意見不同，承宇每次提出某種觀點時，並不是採用十分嚴肅的方法，而是在「閒聊」中提出。他總是在與王經理隨意聊天的同時，不經意地說到某個問題。雖然這個問題以多種方式重複又重複，但是他總是那種若無其事的態度，也不會按照某種條例分析得頭頭是道。

看到承宇說到這些（事實上，可能是同一個問題）話題時隨意的態度，王經理根本不會把它當作是一條又一條的意見。但是這些無意中說到的觀點卻能夠「激發」王經理，讓他想到一個好計劃。

之後，王經理就會在會議上跟大家分享這個計劃，當每個人都在為王經理的才華瞠目結舌而紛紛讚歎之時，承宇卻看出這與之前自己的建議不謀而合。但他仍然表現得若無其事，與其他人一樣為王經理讚歎折服。這樣一來，王經理本人也毫不懷疑地認為這就是自己的主意。

策略二：啼笑皆非的嘮叨

第一種策略僅限於兩人閒聊的時候發揮，但是畢竟閒聊的機會是隨機的。如果在公開場合需要提出有建設性的意見怎麼辦？於是承宇的第二種策略便誕生了。即便在大型的會議上，他也能夠祕密的向王經理傳達自己的觀點，並且為之接受。

在會議上，承宇首先會闡述正確的意見，但在闡述時，也伴隨著口齒不清、用詞不當、前後重複、沒有條理、聲音含混等特點，這很難讓其他人抓住他講話的要點，但是只要跟他座位鄰近的王經理一個人能夠明白就可以了。

在這時候，好戲並沒有結束，他會畫蛇添足的提出幾條錯誤的意見，這個時候，他就像來了精神一樣，不但條理清晰明白，聲音也變得洪亮許多。毫無疑問，這些觀點將會準確無誤的傳達到在場每個人的耳朵裡。他越說越盡興，這不禁讓每個人都為他擔心。

每個人的陳述完畢後，王經理就需要做出定奪。對於承宇剛才的一番談話，王經理首先要批評那些錯誤意見，然後便會有條不紊的說出「自己」的決策。而只有承宇心裡明白，王經理正在清楚明白闡述的那些意見，正是自己故意含糊表達的內容，只不過王經理已經加工潤飾過了。

有人嘲笑承宇，說他是個「受虐狂」，每次不被王經理罵就心有不甘。但只有他自己明白這是怎麼一回事，他所追求的是好的策略，而不會在乎這樣的點子究竟出自誰的腦袋。

如果上司是一個不會主動聽取、採納下屬意見的人，那又何苦總是在他面前像請命一樣的提出自己的想法呢，以隨意的方式嘮叨兩句也許就能夠輕鬆解決問題。

實戰練習

嘮叨，看你怎麼做！

一、纏住他

這似乎是看起來有些賴皮的方法，但是不管什麼方法，能夠奏效的就是好方法。你可以透過與上司的頻繁溝通，在不打擾他的情況下，並且通常是以他喜歡的溝通方式，來慢慢地向他傳達你的觀點。纏的妙處就在於，不管你的上司是一個善於採納意見的，還是固執不化的人，他都能夠欣然的與你聊天，然後從你「無意」的談話中找到靈感。與直接提意見相比，這排除了上司從一開始就產生心理上牴觸的可能。

二、不要全盤否定

如果你的意見與上司的意見是截然相反的，也不要立刻對上司全盤否定。很少有人能夠在反對聲中還能夠忍耐的聆聽和微笑的對待。一旦上司心裡面已經開始搖頭，即使他面帶笑容，口口聲聲說歡迎反對意見，你的意見多半也是白提了。

在你提出自己的觀點時，如果上司表示認同，並且已經開始意識到自己的方案並不可取的時候，也不要得意忘形，要記得給上司台階下。這樣上司才能更加欣然的實施你的方案。

03.

別怕，大膽地告訴他壞消息

天大的壞消息也不能有所隱瞞。

「天啊！怎麼辦？被老闆知道一定會大發雷霆的！」幾個員工湊在一起，為剛剛從客戶那裡傳來的壞消息而發愁，一向與他們合作甚佳的某公司突然中斷了與他們的合作關係。幾個人圍在一起，雖然看起來都在為如何把消息傳達到老闆那兒努力思索，但似乎沒人想成為這個通報者，因為誰都不希望成為老闆的出氣筒。

小瑋看起來是逼於無奈，才會硬著頭皮去敲老闆辦公室的門。

「小瑋，我們整個小組就你最討老闆的歡心了，你去告訴他他肯定不會發怒的。要是我們幾個去說，他肯定會認為是我們辦事不力的」。「對啊，小瑋你就去吧！」……

看著大家期盼和有些哀求的眼神，小瑋只好無奈的去報告這個壞消息。

雖然大家都不希望小瑋遭受一頓臭罵，但當大家看到他從辦公室走出來的表情時，確實大吃一驚。因為，小瑋不但沒有愁眉苦臉，反而好像被表揚過了一樣。

難道老闆真的被氣糊塗了？當然沒有，要不是小瑋夠機智，恐怕也難逃一頓教訓。

這還要從壞消息剛剛傳來的時候說起，當小瑋一聽到這個消息時，並沒有像其他人那樣開始憂心忡忡的想辦法如何向老闆報告，而是像個負責人那樣開始考慮公司的問題：如果這個客戶中斷合作，公司可以得到什麼賠償；公司短期內應當如果擺脫這個危機，找到另外的盈利點；公司未來應當爭取些什麼樣的客戶……

雖然不能立刻形成完整的報告，但當小瑋走進老闆辦公室的那一刻，他心中已經有一個比較詳細的思路了。所以，當他不得不向老闆如實稟報壞消息之後，也有讓老闆平息壞心情的方法，那就是立刻提出解決的意見。雖然這樣的意見還有待完善和思考，但卻能讓老闆的心情不至於立刻墜入谷底。

有這樣善於為公司著想，能夠幫助老闆積極解決問題的員工，老闆怎麼可能罵人呢？

有哪一家公司在運營的過程中能夠一帆風順？遇到不好的消息是必然的，而經營的樂趣之一也就在於如何轉危為安。

有了壞消息，不要向上司隱瞞，相反，要在第一時間將實際情況毫無保留的傳達給上司或老闆。儘管要注意報告的時間、場合以及方法，但有一點是毋庸置疑的，天大的壞消息也不能有所隱瞞。

實戰練習

傳達壞消息的方式

一、第一時間

拖延報告壞消息的時間，這是一條最失敗的策略。就在你拖延的時間裡，也許老闆已經聽到了某些風聲了，而這也將影響你對整件事情的表達。另外，壞消息對於公司來說就意味著危機，而處理危機的一個基本原則就是迅速，所以，

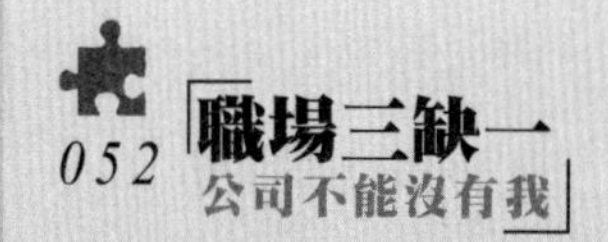

延誤報告時間，就等於幫助危機的蔓延，也就無形中增加了公司的負擔。所以，應當以合理的方式第一時間報告壞消息。

二、注意場合

儘管傳達壞消息要求及時迅速，但也並不是什麼場合都能報告。最好的場合是私下只有你和上司兩人的情況。

有一些場合是絕對不適合的，例如接見客戶時，召開公司大會時……

三、表達方式

語言的精妙就在於同樣的事情可以很多種不同的表達方式，在傳遞消息的時候也同樣如此。

「出大事了！」

「老闆，這下糟糕了！」

「我們碰到了一些不妙的狀況」

以上三種方式是從直接到委婉的排列。而委婉表達的妙處就在於，它能夠給資訊接收者一個緩衝的過程。如果能夠配之以平穩的語調，就更能夠穩定上司的情緒，達到良好的效果了。

四、不要拐彎抹角

報喜不報憂，這似乎是人們的天性，所以當一個壞消息和一個好消息同時出現時，人們總是忍不住先報告好的消息。也有很多人認為，只要花很大的篇幅去敘述好的消息，讓上司佔用更多時間在喜悅的心情上，當他們在隨之報告壞消息時，就會將之沖淡很多。

但事實上，這種做法大錯特錯。在第一點中也提到過，壞消息在某種程度上就意味著危機，很多壞消息的狀況如果不能夠及時處理，便會帶來更大的損失，甚至能夠引發嚴重的事故。而好消息就算晚一點報告也不會有什麼麻煩。

所以，當遇到壞消息和好消息同時出現時，一定要首先報告壞消息。也就是說，不要企圖拐彎抹角的掩飾壞消息，或者將其分解，而是要直截了當的報告，以便上司能夠詳細的瞭解狀況，並且做出準確的判斷，想出解決的方法。

五、提前準備——你有什麼解決方案

就像小瑋那樣，在帶來壞消息的同時，也帶來了自己的建議。

對於一個好的上司來說，兩種人是最令人頭疼的：一種就是能說善道，卻不會辦事的馬屁精；而另一種就是只知道傳達問題、提出問題，卻永遠把解決的難題留給上司的下屬。

相比較來說，後一種更令上司痛恨。

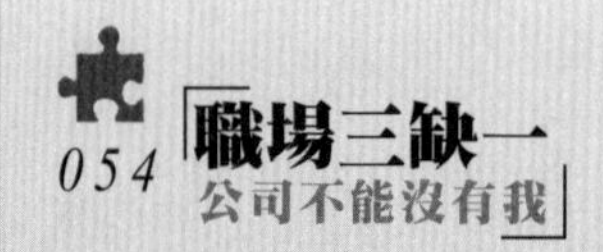

所以，當你在報告壞消息的同時，也能夠針對問題進行分析，提供一切有利並且可靠的資訊，提出自己的建議，就實在是上司之幸事了。

而從某種意義上說，壞消息對於那些有準備的員工來說正是一次表現的機會，如果沒有那些壞消息，又怎麼能夠凸現他們應變、和解決問題的能力呢！

你得選好位置

不可能有完全符合自己風格的上司，在瞭解了上司的管理風格後，並主動調整自己的辦事方式，以適應上司的風格。

「又要報告？」

毅賢有些厭煩了現在的工作方式，幾乎每一個細節的工作階段都要向上司彙報。難道上司懷疑自己的工作能力？儘管極不情願，毅賢還不是不得不整理好自己目前的工作進展，儘快趕到主管的辦公室。

毅賢開始有些後悔，如果當初選擇留在原來的主管手下工作……

公司前一陣子進行了一次大型的人事變動，為了使公司

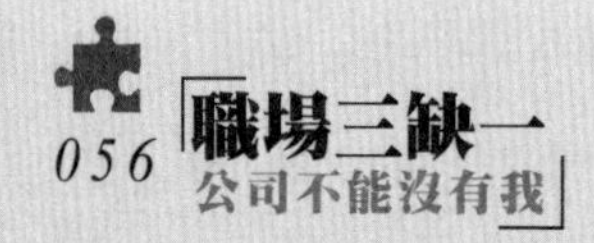

的運作效率更高，公司的主管和員工進行了一次雙向選擇。許多主管紛紛竭盡全力拉攏能力出眾的員工，而毅賢就是被主管們爭奪一些才華出眾的員工之一。

在舊上司和一個想要拉攏他的主管之間，毅賢不禁猶豫了起來。舊上司與自己有一定的默契，而且舊上司完全瞭解自己的能力；而另外一個主管是個人能力以及團隊組織能力都非常強的人，團隊業績要比自己所在的團隊好很多。在這兩個主管之間，毅賢不知應當何去何從。最後，毅賢認為「人往高處走」，既然自己的能力不弱，就應當跟著更有能力的上司工作。

但經過幾個月的工作，毅賢開始質疑自己的選擇。在舊上司的手下時，毅賢從來沒有被「懷疑」的感覺，因為舊上司對他的工作過程從不過問，只要求看一個結果，這樣毅賢在工作中得到了信任和自由，也更能發揮工作效率；然而在新上司這裡，他感覺自己就像一個被監視的囚犯，每一環節的工作都要得到上司的核對和批准，完全沒有自主權，毅賢覺得自己就像一個聽從指令的機器。

毅賢發現，團隊中並不是每個人都需要向上司報告詳細的工作狀況，上司的那些老部下就工作得非常自由。可見，上司雖然在一定程度上能夠肯定自己的能力，卻不知道毅賢是否全心全力的為自己工作，對毅賢缺乏一定的信任。

毅賢想要回到原來的主管身邊，但那樣就好像一個「叛徒」又回來一樣，舊上司未必會接受，而在新上司身邊，又得不到完全的信任，毅賢陷入了兩難的境地。

選個好位置很重要。上司們常常出現爭權的狀況，不要認為這是上層的權力鬥爭，與自己毫不相關。事實上，很多時候，上司們在爭奪權力的同時，也會爭奪優秀的下屬。所以，就會出現毅賢那樣選擇上司的情況。怎麼樣選擇一個好的位置呢？

每個上司都有不同的領導風格，有些上司喜歡「發號施令」，什麼事情都交代給下屬，自己只管統籌大局；有些上司則有一個「操心命」，即便不是什麼事都親力親為，也習慣時時刻刻關心下屬的工作進展。因此，在選擇上司時，只判斷上司之間的能力，而不考慮自己與上司的契合度，就會出現像毅賢那樣後悔莫及的情況。

如果你選擇的並不是原來的上司，那麼就有必要對新上司展示「忠心」。如果毅賢能夠贏得新上司的信任，也不會在工作時綁手綁腳的了。如何對新上司表現忠心呢？

切忌越級報告。不管你的上司官位有多小，他都是你的直接上司，要以他為終極的請示和報告對象。除非遇到緊急事情而上司又不在場時，但事後也要向上司及時報告。不做威脅上司地位的事。即使你沒有取代上司的意願，任何有威脅的舉動也會讓上司感覺渾身不自在，假使他對你有所防範也是再正常不過的事了。

不炫耀自己與上司的關係。如果你同上司的關係極好，或者可以攀上一定的關係，也不要到處炫耀，這樣會讓上司感到反感。聽從命令，提出建議。對於上司下達的命令一定要堅決服從，如果發覺上司的指示不可行，或者有更好的做法，也只能在適當的場合提出「建議」，千萬不要讓上司覺得你是很認真地反對。不在任何場合談論上司的是非。職場本身就是很八卦的地方，最好的做法就是多做事，少說話，尤其是上司的是非。

實戰練習

瞭解上司的管理風格

每個上司都有自己的管理風格，而一個下屬能否得到上司的青睞、受到重用，在一定程度上也取決於這個下屬的工作方式是否能夠符合上司的風格。因此在選擇跟隨哪個上司之前，也要花些功夫先瞭解一下你的上司屬於那種管理風格。

一、自由式

上司對下屬的管制極少，讓下屬有足夠的自由管理和安排自己工作。只有在下屬遇到困難或需要知道時才出手，提供訊息、指導。這種上司的主要任務就是制定目標，分配任務，幫助下屬解決困難以及提供指導。

自由式的管理風格適合那些需要發揮自身創造性，並且對工作有主動熱情的員工。這樣的員工必須能夠靈活的掌握自己的時間，能夠掌控自身工作的進度，以及工作難度。員工本身也具備一定的管理和自身管理能力。

二、民主式

介於自由式和專制式之間，給予下屬一定的自由，並且鼓勵下屬參與團隊事務，會主動徵求下屬的觀點、思路和解決方式。肯定每個下屬的積極作用。但也不排除他們會制定一些措施進行監督。

這種類型的管理風格適合那些想要積極表達自己想法，並且想要參與到團隊建設的員工。這樣的員工喜歡積極思考，並且會毫不吝嗇的貢獻自己的想法，喜歡與上司民主式的相處方式，但又希望保留一定的自由。這種員工對團隊有一定的奉獻精神和責任感。

三、專制式

這種類型的上司的控制慾極強，他們不喜歡下屬所謂的建議，即使他們能夠勉強聽完也不會採用。他們決定什麼，下屬就要嚴格聽從。專制式的上司通常不會放權，也就是說，他們不會完全把一項決定完全授予下級，他們總會保留一些權力，大部分的時候關鍵性的權力還是在自己手中。

如果你不願意過多的思考工作的計劃，或者做出判斷和決定，那麼你絕對適合在專制式的上司手下工作。但與此同時，你必須具備絕對的耐心和可靠度。能夠認真地聽從指令，嚴格執行。

當然，不可能有完全符合自己風格的上司，在瞭解了上司的管理風格後，如果可以的話選擇自己最能夠適應和接受的風格，並主動調整自己的辦事方式，以適應上司的風格。

如何管理下屬

如果你仍舊沿用「一視同仁」的做法，對所有下屬公平對待，那要如何才能挽留那些竭盡全力、能力突出的人呢？如果你的下屬們各奔前程，你要怎樣維持自己的統治呢？看到這些疑問，不用著急，接下來這一部分將會為你解答！

01.

挖掘你的第五級領導力

真正的領導者要站在更高的角度，

更長遠的立場上看待問題。

一個上司的領導能力並不只是帶領幾個下屬工作這麼簡單，事實上，對於領導力也有不同級別的劃分：

第一級：

指那些能夠發揮自身的才能，運用知識、技能，並且擁有良好的工作習慣，發揮出色才能的人。第一級的領導者更加關注行動，他們的精力主要分散在本人能力的發揮和行動中。這樣的領導者能夠起到的模範作用是無可比擬的，他們會注重工作中的細節部分。但遇到複雜的狀況或嚴峻的挑戰時，他們就會遇到瓶頸，無法獨立擔當大事。

第二級：

不僅擁有第一級的能力，還願意為了實現團隊的目標，與其他人通力合作，樂於奉獻的人。第二級的領導者更善長人際交往，他們的性格是他們註定成為溝通中的關鍵人物。但團隊總會遇到一些難題和挑戰，在這種情況下，面對團隊成員意見的分歧，領導者必須具備極強的判斷力和決斷能力，而這正是第二級的領導者所缺乏的。

第三級：

能夠有效的組織各種資源，包括人力資源，合理的安排工作進度，實現既定目標的人。第三級的領導者不但是傑出的人物執行者，還具備排除困難的能力。對於突發的意外狀況，也能夠及時調整，最終達成目標。但他們仍不具備使團隊持續性發展的能力，無法給團隊成員注入持久的精神動力，也無法讓團隊成員感覺自身存在的價值。因而還不能稱之為領袖式的人物。

第四級：

能夠為團體指名未來發展方向，運用各種手段激勵下屬，為實現共同目標而努力的人。第四級的領導者不僅能夠高瞻遠矚，對團隊事務指揮有方，還能夠為團隊的目標賦予意義，使其成為一種力量。甚至能使自己成為團隊成員崇拜和追隨的對象。但他們的缺陷就在於降低了成員本身的才能。

第五級：

具有真正領導風範的人，到達這一級的領導者不僅具備前面的才能，還具備較高的個人素質，既謙遜又執著，不驕傲浮誇，也能夠無所畏懼。這一類的領導者本身的關注的並不是具體的工作，他們都有著雄心壯志。他們的成就感並不是僅限於自己在位時公司的利益，還願意為繼任者的成功做墊腳石，目的是使公司更加卓越。

山姆・沃爾頓（Sam Walton）就是第五級領導中的典型代表。他甚至被譽為民族英雄。當沃爾頓發現自己的身體狀況十分糟糕時，他所牽腸掛肚的並不是自己的名利和金錢，而是沃爾瑪公司的未來。

為了使沃爾瑪延續一貫的成功，他挑選人才代替自己繼任公司的領導者，讓公司的員工以及其他人看到，沃爾瑪的成功並非他一個人的功勞，即便自己不再參與沃爾瑪的事務，它也會一如既往的成功！

如今，沃爾瑪是世界零售企業中當之無愧的NO.1。而在沃爾瑪的成功中，沃爾頓功不可沒。從他的一些經營法則中就能夠看到這個具有真正領導風範的人是如何發揮他的第五級領導力的：

法則一：

專注於你的企業，你要比任何人都更加相信它。在這裡，沃爾頓專注的並不是個人的成功，而是企業的發展，正因為有著這樣獨特的出發點，使得他能夠處處為企業的前途著想，而並非總想看到自己頭上的光環，或者別人投射過去的崇拜的眼光。

法則二：

和你的同事們分享利益，把他們當成合夥人來看待。只有真正的領導者才能表現得如此「大公無私」，把那些可以炫耀權利的機會毫無保留的捨棄掉，因為他知道，企業的成功是無法靠一個人的力量而完成的，而精神的力量卻可以世世代代延續。

法則三：

激勵你的投資者。沃爾頓知道，現金並不是唯一和最有效的激勵方式，有些時候，不用花一毛錢，卻能夠帶來巨大的動力。事實上，他也這樣做了。1983年，他許下承諾，如果公司的業績能夠在稅前利潤達到8%，他就會在華爾街上

跳夏威夷草裙舞。令他高興的是，他的員工們都為了看到這一景象而拼命工作，最終達到了這一目標，當然，沃爾頓耶兌現了他的諾言。

法則四：

盡可能多跟你的合夥人溝通。他能夠開誠佈公的坦誠自己的想法，真正體會每個人的內心世界，從對方的角度和立場看問題，才能夠做到顧全大局。

法則五：

感謝員工對公司所做的貢獻。一句真誠合適的表揚所帶來的作用往往是別的東西所無法替代的，很少有領導者能夠向員工們開口說感謝。

法則六：

成功時慶功，失敗時也不忘幽默感。任何時候都能放鬆心態，以平常心來看待問題。

法則七：

另闢蹊徑，與眾不同。看待問題的方式並不是一個死胡同，真正的領導者要站在更高的角度，更長遠的立場上看待問題，因此他對事物所表現出來的關注度也常常是與眾不同的。

實戰練習

測試你的領導能力

一、對於具體工作的執行，身為領導的你會？

A. 以身作則，認為上司的榜樣力量是無窮的

B. 交給下屬去做，適當給予指點

C. 放手交給下屬全權處理

二、選擇人才時，你會挑選

A. 能夠破釜沉舟的人，這樣的人能夠全力以赴

B. 嚴格符合崗位要求的人

C. 能力極強的人，不管是否符合崗位

三、你對紀律的認識是？

A. 紀律是團隊成功的關鍵，下屬應當嚴格遵守

B. 要遵守紀律，但也不排除給予一定的自由

C. 適當強調紀律的重要性，但並不苛求

四、在是否給予員工權利的問題上，你認為？

A. 要讓員工明確自己的權利和責任

B. 應該充分放權

C. 責權不需很明確

五、對於團隊中制度的作用，你認為：

A. 制度是一種無形的約束力量，應當嚴格遵守制度

B. 要有制度但也不能缺乏民主

C. 員工的民主比制度更重要

六、認為管理和考核的作用：

A. 十分重要

B. 一般

C. 不是很重要，主要靠員工自覺

七、對於日常的公司運作，你認為是否應當擁有嚴格的組織形式和行為準則？

A. 應該

B. 不必太嚴格

C. 不需要

八、在不影響公司日常工作的情況下，你認為是否應當組織額外的培訓

A. 應該

B. 針對專門的業務會

C. 沒有必要，員工需要可以自己學習

九、你是會要求員工統一著裝？

A. 是的，用統一服裝來顯示整齊和團隊

B. 有一定要求，但不是很嚴格

C. 沒有服裝要求

十、是否有嚴格的獎懲制度？

A. 有

B. 有，但為一般的獎罰機制

C. 獎罰不十分嚴格

分數計算：

選A得3分，選B得2分，選C得1分。

分數越高的人領導能力越強。

統一價值觀

很多事情是無法規定的，
比如「全心全意為公司工作」，如果當事人不說實話，
任何其他人都無法去衡量這一標準。

價值觀是一種無形的規則，透過這種規則，可以使企業以更高的效率運行。這就好像遵守交通規則一樣。有形的規則告訴我們，「紅燈停，綠燈行」，車輛違反交通規則時有一定的懲罰措施，而行人違反交通規則幾乎沒有任何懲罰。所以，在沒有交通警察的路口，如何能保證行人也嚴格按照「紅燈停，綠燈行」的指示去做呢？人們會說，要憑「自覺」，而這種「自覺」就是潛藏在人們心中的一種價值觀。

在公司的運作中也有類似的現象。很多事情可以透過明確的規定列在公司的章程中，比如上下班的時間等，但很多事情是無法規定的，比如「全心全意為公司工作」，如果當事人不說實話，任何其他人都無法去衡量這一標準。這時候能夠起作用的就是公司的價值觀。當公司裡每一個員工都能牢固地樹立「紅燈停，綠燈行」的價值觀時，他們就絕不會違反交通規則，即使在沒有「交通警察」監視的情況下。

當員工們認同一種價值觀，它甚至可以成為一種催人奮進的信仰，而當所有的員工都能夠認同這種價值觀時，就能夠發揮極其強大的作用，形成一種共鳴。

價值觀如何具體化？公司老闆們總是希望能夠透過公司文化讓員工在精神上找到對公司的依附和歸屬感，終極目標無非是讓員工竭盡所能，發揮各自的聰明才智為公司服務。正因如此，大多數的公司都有一些宣言性的話語，以此定義公司的價值觀，與此同時，還會制定一系列的章程作為輔助。

但這是否代表員工們能夠真正的接受公司文化？員工能夠真心誠意地按照這樣的價值觀行動？未必如此。

透過人力資源的種種工具作為衡量員工表現的標準，並且將其與業績、薪水結合，這在一定程度上能夠約束員工的行為。但這樣的約束必須建立在制度的制定能夠切實的吻合公司和員工實際情況的基礎上。如何能夠使員工自發的為公司效勞呢？這就要求員工能夠認同公司的價值觀，並且將公司的文化滲透到自己的行為當中。

一個管理者只能看到員工做什麼，卻並不知道他們心裡在想什麼，在這種情況下，要怎樣才能確保員工的行為方式與公司的價值觀保持一致呢？

將公司的戰略轉化為公司文化→制定相應的章程→將章程落實到每個員工工作的細節上。

這樣，在員工工作時，便可以透過耳濡目染，將公司的價值觀培養到了自己的工作習慣中。

因此，不能像喊口號那樣宣告價值觀，要將其具體化。例如「領導者應當具備承擔風險的能力」，要如何衡量這個標準？這時候，就不得不將其具體化，將其定義為具體的文字性的解釋。

實戰練習

價值觀的六個要素

一、重視結果

不管過程有多麼精采，外界對一個企業的肯定與否也是基於對結果的考核。因此，一個企業的員工必須認真對待結果。

二、海納百川

所謂「有容乃大」，具有不同的教育背景，生活經歷的人聚在一起，在同樣的環境下工作，就能夠產生新的火花，所以，對於一個企業來說要有可融性，將不同的能力融於一體。

三、權責分明

擁有權力是為了更好地承擔責任，有多大責任的付出，就必然有多大利益的回報。因此，企業應當對每個人的工作職責和權利劃分明確。

四、利益統一性

讓員工知道，企業與員工的利益是統一的，企業贏得更多的利潤，獲得更大的好處，員工就更有發展前途，當然也少不了「錢」途。而員工的努力也能夠促進企業的進一步發展。兩者是統一的。

五、職業操守

職業操守並不是社會宣揚的道德品格，在每個企業中，也應當瞭解到職業操守的重要性。擁有良好職業操守的員工

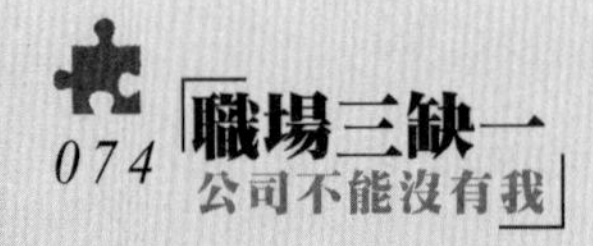

也必然具備較高的社會價值，他們能夠竭盡全力地為公司付出。

六、管理模型

在人力資源的管理上，應當發揮員工的主體作用，尊重員工的個人選擇和判斷，讓員工積極主動地發揮其創造能力。

03.

公平性不是領導者的必備條件

對於員工的工作績效評估，並不是簡單的計算。

不但要看員工的最終成果，

還要評價員工之間的合作關係等等。

紹偉是一個十分講究原則的上司，而在他所有的原則中，公平幾乎排在了第一位。

在紹偉還是一個小職員的時候，他的一個上司就是一個對下屬不太公平的人。那位上司似乎更加青睞於那些「油嘴滑舌」的人，而那些辛苦工作卻不懂得表現的人反而得不到重視，即便在同樣的成果面前，那位上司總喜歡給自己偏愛的人更多的獎勵。

這一點讓他印象深刻，而他也深深領悟到擁有這樣一位上司，下屬的心裡有多麼不平衡，尤其是那些真正努力的人，因為他曾經就是其中之一。

有了這樣的教訓，當了上司的紹偉決定要儘可能的公平對待每一個下屬。然而紹偉沒想到的是，他的公平卻引起了幾個下屬的不滿。其實，紹偉的公平有些過於簡單，他首先按照下屬的工作能力和表現劃分為幾個等級，然後按照不同的等級發放不同的獎金。而等級的評定是階段性的。

但紹偉卻沒注意到，有些人只有在評定等級前一段時間才開始拼命工作，而有些人是不管任何時間都會竭盡全力；即便在同一個等級中，有些人是靠自己的能力完成工作，而有些人的工作則是需要別人的配合才能完成；有些等級比較低的人故意不配合等級高的人的工作，導致等級高的員工被扯了一下後腿……

由於紹偉沒能考慮到工作的複雜性，而只是將最後成果作為評判的標準，導致很多明明認真工作的員工卻被評為了較低的等級。出於「公平性」的初衷，卻搞得一團糟。

其實對於員工的工作績效評估，並不是簡單的計算。不但要看員工的最終成果，還要評價員工之間的合作關係等等。

論功行賞長久以來被很多管理者奉為金科玉律，但如何在保證不失公平的情況下，激勵和發掘員工的潛質，使其充分的發揮才能，這就需要重新度量「論功行賞」的意義，公平真的那麼重要嗎？

團隊的力量不可忽視：現在的工作大多在團隊的協作下完成，就像紹偉的下屬那樣，很多工作需要其他人的配合才能夠完成。然而在人與人之間需要配合的工作中，並不是簡簡單單的用「做了多少」就能夠衡量的。例如設計性的工作，一個人的一句話或許能夠激發另外一個人的思路，而形成很好的作品，這種情況下，怎樣給這兩個人評分呢？因此，在這種情況下，刻意地強調每個人的業績就顯得不現實。怎樣凝聚團隊的力量，使其形成一個整體，發揮$1+1>2$的功能，比強調每個人的貢獻更為重要。

成長的途中如何計算：許多有名的職場成功人士都是從默默無聞的無名小卒開始的。當他們還沒有成為能力驚人的強人時，有些人經過了漫長的考驗和鍛鍊，而有些則幾乎是順理成章的開發出了所有的潛能。類似的，現在的一個普通員工，誰都沒辦法預知他的將來，也許他還有待開發的潛能，也許他不過是個普通角色。

但如果嚴格按照論功行賞的原則辦事，那些還在等待能力顯現的員工又應當給予怎樣的對待呢？因此，不應當僅僅看重結果，還要考量到個人的發展潛能，適當的予以激勵。

實戰練習

均衡報酬的規則

「高差別獎懲制度」（high－powered incentives）：

這是一種對業績優異者給予大筆的現金獎勵，對於績效不佳者予以處罰或大幅削減報酬的獎懲方法。很典型的例子出現在俱樂部對待球員的方式上，頂尖的職業球員，他們的表現有目共睹，因此表現出色的可以賺進大把鈔票，而表現欠佳的只能領到很少的薪水，甚至黯然離去。

「低差別獎懲制度」（low－powered incentives）：

這種方式的個人業績的差異對所得報酬的高低影響較小。詫異的出現多半在團隊之間，例如按照團隊或公司的收入多少來確定給予獎金的額度。這樣的獎懲實際上並非要求具體的報酬，而是一種肯定其地位的做法。例如對某些特定工作有嚴格的業績考核，如法官，但卻並不會根據考核給予物質上的獎勵。

與其挽留人才，不如招募人才

並不是所有的人才流失都是與薪水有關的，
有些是為了追求更好的發展，尋求更適合的環境，
或是為了充分施展個人才能。

人員流動對於一個企業來說也不完全是壞事，如果流動率保持在10－20％這個合理的幅度，便更有利於企業人員的優勝劣汰，從長遠的角度來看，更有利於企業的發展。

幾乎每個企業都不可避免的會遇到人才流失的問題。雇到了優秀的人才，這不禁讓人欣喜，但轉眼間，又要開始為如何留住他們而發愁。對手們的頻繁活動讓人感覺憂心忡忡。

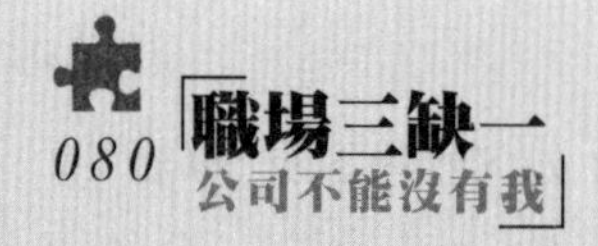

怎樣能夠留住人才這是很多公司老闆面臨的棘手問題。為此，老闆和主管們紛紛動腦筋，想出了很多「妙招」，例如提高薪水、增加福利；為人才設計未來輝煌的職業生涯；為人才創造方便快捷的升遷機會……但這一切似乎並不能阻擋人才流失的腳步。

事實上，如果有意願跳槽的員工，並不會十分在意以上的措施，因為其他的公司也能夠提供類似的優惠條件。

20世紀90年代末，弗里特銀行就發生了人才嚴重流失的狀況，員工的流動率竟然達到了25％，某些職位，例如出納員、客戶服務等職位更高達40％，如此高的人員流動使得這家以客戶為中心的銀行幾乎無法正常運轉，這也讓銀行的領導者感到憂心忡忡。

於是，銀行必須立刻採取措施，挽留人才。不用說，銀行的領導者想到的第一個措施就是提高薪水，然而這一措施並沒有達到預期的目的，員工流失現象依然嚴重。

銀行已經有些手足無措，他們向一家諮詢公司求助，希望能夠找到方法擺脫現狀。經過諮詢公司的問卷測試，終於找到了員工流失的根本原因。原來，員工們頻繁換工作是希望得到更多的工作經驗，而顯然他們在這家銀行無法如願以償，所以只好跳槽。

在得知了「真相」之後，銀行改變了原有的做法，開始嘗試在內部經常為員工變動職位，實施職位輪調。與此同時也採取了其他的輔助措施。結果證明，這一措施收到了良好的效果，8個月後，員工的跳槽率下降了40%。

可見，並不是所有的人才流失都是與薪水有關的，有些是為了追求更好的發展，尋求更適合的環境，或是為了充分施展個人才能，抑或是追求安逸舒適的工作環境，而一個企業不可能滿足所有人的願望。所以，對於企業來說，不需要刻意的挽留人才。

而研究人員的調查也發現，人員流動對於一個企業來說也不完全是壞事，如果流動率保持在10－20%這一合理的幅度，便更有利於企業人員的優勝劣汰，從長遠的角度來看，更有利於企業的發展。

實戰練習

應當招募怎麼樣的人才？

一、道德品格

道德品格是選擇人才時永遠的「基本條件」。除了重視專業知識、技能，是否具備創造能力、團隊能力，以及是否擁有工作熱情之外，職業道德也是不可或缺的一條標準，甚至可以說是最為重要的標準之一。

人才首先要學會做人，才能做好工作。而現在的企業都擁有一定的長期發展計劃和遠景，一個沒有職業道德的人不但不能為企業的長久發展做出貢獻，還有可能會損害到企業的利益。

諾基亞在選擇人才時，就十分重視這方面品格的考驗。他們有一個嚴格的測試程式，除了進行8個小時的心理方面的測試，還要通過3個小時的面試來考驗應聘者。

二、工作能力

有些應聘者總是反覆強調自己在學校期間的成績，然而公司只是將其作為一種參考。畢竟，企業需要的是具備實際工作能力的人，而不是只懂得考試的人。

企業需要的工作能力，一方面表現在豐富的經驗上，另一方面表現在很強的學習能力上。而後者對於一個剛剛從學校畢業或者轉行的人來說尤其重要。

三、自我定位

乍看來，這一點與企業來說似乎無傷大雅，員工個人的定位與企業沒什麼必然的聯繫。其實不然，一個對自身有所規劃的人，表明他對自己的能力和才幹也有很深層的瞭解，他很清楚自己能夠做些什麼，可以做到什麼位置，應當做些什麼樣的工作。這樣的人工作非常主動，他們常常不是為了混口飯吃而工作的。因此，選擇人才時，一定要瞭解他是否對自己有一個合理的定位。

第4課 忠誠─企業最欣賞的美德

任何公司都不希望自己的員工朝三暮四，每天想著更好的發展機會和更高的薪水，而不能踏踏實實的在公司做事，於是忠誠便成為企業最欣賞的美德。

01.

假忠誠也是忠誠！

一個太完美的下屬，怎麼需要上司的指點呢！

進入一家公司，忠誠是首要的。但是不是一定要做個鞠躬盡瘁、死而後已做個大忠臣呢？未必！如果像忠臣那樣，擁有一股浩然正氣，有什麼話都實話實說，恐怕是不會受到同事和上司歡迎的。所以，忠誠也要學的「假」一些，不要事事都表現出來。

假忠誠之一：難堪留給自己，面子讓給上司

對於剛剛大學畢業的年輕人來說，尹萱能從上百名面試者中脫穎而出，成為一家大公司的新人真的是非常幸運。一切都是嶄新的，為了能在這樣生疏的環境中生存，尹萱也抱著虛心的態度在慢慢學習。

剛開始，尹萱接觸到的都是些簡單的工作。但她很快就熟練起來。因為她的表現出色，上司開始交給她一些複雜的工作。一次，上司把一個資料表交給她核實，這可是個絕佳的鍛鍊機會。於是她認認真真地把資料看了幾遍。多虧了她的認真，竟然在其中發現了兩處資料錯誤，而這也導致後面的結果完全不對。

尹萱如同發現了新大陸，她認為這種事情應該在第一時間向上司報告，於是就來到上司的辦公室大聲嚷嚷，「您有兩個地方錯了，這兩處數據搞錯了！」原以為她對工作的認真負責能夠得到上司的肯定和讚揚，沒想到上司只是冷冷的回應了一句「哦，妳放下吧，我自己看！」，然後就示意她出去了。

在這之後，尹萱很少能夠得到重要複雜的工作，又開始了從前「平平淡淡」的狀態。

而很久之後，尹萱才明白，因為自己的一句話，讓上司在其他員工面前很沒有面子。雖然上司讓尹萱核對就是為了找問題，但她可以在只有上司和她兩人的情況下，婉轉的指出上司計算的兩處錯誤，這樣便不會讓上司陷入難堪的境地。

當下屬威脅到上司的地位，或者讓他在其他員工面前「顏

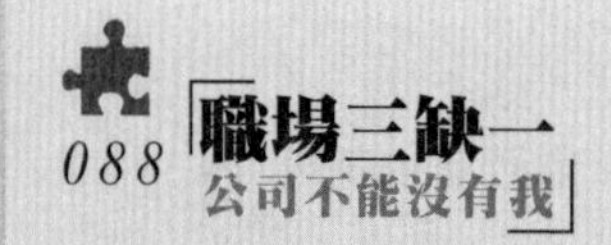

面無存」時，下屬的忠誠也變得一文不值了。所以，當出現狀況時，就應當把難堪留給自己，讓上司看到你總是為他著想、為他挽留面子的忠心。

假忠誠之二：一切聽上司的

真的要什麼都聽從上司的，那不成了沒有主見的機器？當然不是，只是你要表現出你的忠誠，不要讓上司覺得你開始想要超越他，或者反駁他。所以，有什麼事千萬不要抱著為上司著想的態度，就隨隨便便替上司做主，那樣麻煩可就大了。

華陽是一家公司的總經理助理。雖然剛剛過了實習期，表現極佳的他卻常常讓上司對他讚不絕口。也經常會把一些小事交給他全權處理。可是前一陣子因為一個小事（華陽自認為如此），他卻突然失寵了。

前幾天，一個客戶打電話來，想要看一下公司某產品的樣本，希望能夠派人給他們送去幾份。當時總經理出去辦事，辦公室只有華陽一個人。他想想這不是什麼難事，不過是要幾分樣本嘛，於是爽快地答應了客戶。

第二天，客戶高高興興地拿著華陽送過去的樣本，說要訂幾批貨。上司看到客戶很驚訝，想說什麼時候看過的樣本？

華陽連忙跟上司解釋了一下。

上司勉強的露出了笑容，於是帶客戶到會議室洽談了相關事宜。

這次的訂單很大，公司也因為這一筆生意大賺了一筆。華陽以為這一次自己立了功，就算不升官，至少也會得到上司的誇獎。誰知道上司卻劈頭的把他罵了一頓。

「你怎麼可以擅自作主，把樣本拿給客戶看？之後也不跟我說一聲！是誰給你這個權力？」

上司最怕的就是下屬擅自作主，如果做對了，那麼總不能跟一個小輩搶功，這個功勞原本應該是他的；如果做錯了，那麼誰來收拾殘局，誰來承擔後果？如果下屬所有事都可以不經上司的安排和命令而自己做主，那還要他這個主管幹什麼呢！

這件事其實很簡單，如果在上司不在的情況下接到客戶的電話，華陽可以代客戶轉達，然後儘快聯繫總經理，請他做出決定。這樣做既沒有失職，也讓上司看到華陽事事以自己為先的忠心。

假忠誠之三：你永遠比上司弱

一個太完美的下屬，怎麼需要上司的指點呢！如果手下

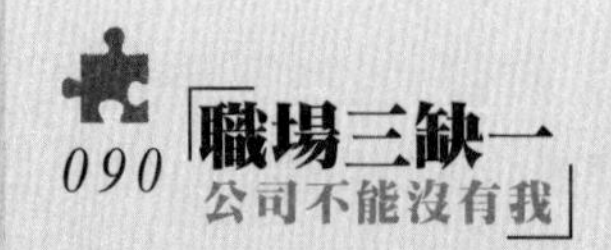

都是這樣的精兵猛將，上司的領導才能如何發揮，他的才幹怎樣顯示，既然你不需要改進就如此出色，那要他這個上司來管理你什麼呢！

假忠誠的另一種表現方式就是永遠比上司弱一點點。讓他感覺不到你的威脅。那些大錯不犯小錯不斷，又喜歡「虛心」向上司求教的下屬們自然就會成為上司關注的對象，因此他們的職位也會因為自己的進步而逐步升高。因為他們給了上司發揮的空間，讓上司擁有成就感。這在某種角度上也是一種忠心的表現。

所以，並不是優秀的工作成績和傑出的表現就是忠於公司的最佳方式，適當的時候也要學學作假：沒事多請示請示上司，有功勞也要想著分給上司一半。千萬別漠視了他們的領導才能，別忘了，大權還掌握在他們手裡呢！

愚忠是蠢人的職場謀略

很多人的愚忠是為了掩蓋他們能力上的不足，
妄想透過討老闆的歡心來彌補自己工作上的馬馬虎虎。

每個企業的老闆和上司們都喜歡忠心耿耿的員工。因為這樣的員工會讓他們少了「是否能夠信任」的煩惱。他們會主動努力工作，也能夠真心誠意地將所有的能力淋漓盡致的發揮在自己的崗位之上。對於那些需要保守商業機密的公司，忠誠的員工就更受歡迎了。

知道了忠誠的重要性，於是很多人都想要在老闆面前表現自己的忠心，以得到信任。然而有一種「忠心」卻是萬萬不可為之的，那就是「愚忠」。

由於市場上連續出現了產品不合格導致顧客受到人身傷

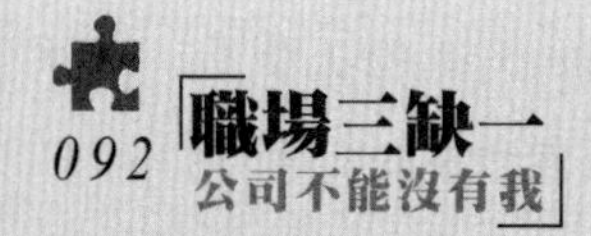

害的投訴現象，監督單位對生產同類產品的企業開始了嚴格的檢查。這對每個需要接受檢查的企業造成了不少影響，人們開始減少對此種產品的購買，紛紛期待著檢查結果的公佈。

為了打擊對手，某公司的老闆甚至想出了一個餿主意，他「建議」自己的手下家豪裝作匿名消費者，打電話到監督單位，說自己買到了「對手」公司所生產的產品，結果發現了嚴重的品質問題。

家豪對老闆的「建議」絲毫沒有懷疑，也沒有察覺到這是一種惡性的競爭方式，或者可以說是違法的。他只是認為這是老闆的命令，他應當對公司忠誠，為老闆效勞。於是便二話不說的給監督單位打了這個電話，並且加油添醋的將事情說得很嚴重。

不出所料，監督單位果然第一時間到達「對手」的公司，開始了嚴格的檢查。為了保障消費者的權益不會再次受到侵害，監督單位要求「對手」公司的產品暫時停止出廠。於是，在監督單位沒有檢查完畢時，「對手」公司不但停止了產品生產，還積壓了一大堆成品和原料，導致公司的資金流通出現了問題。

很不巧的是，「對手」公司的產品品質非常好，檢查完畢後沒有發現任何問題。監督單位為了對投訴的人負責，想要問清楚家豪是不是買到了假冒的產品，結果透過調查才發現家豪是另外一家同類產品生產公司的職員。於是，對家豪的投訴產生了質疑。

經過調查，監督部門得知了家豪「投訴電話」的真相。而「對手」公司也將他告上法庭，家豪的忠心不但沒有收到任何好處，反而使自己斷送了前程。

其實，再正直的人也可能會有拍馬屁的一面，但絕不能像哈巴狗一樣在任何時候都對上司搖頭擺尾的以示忠誠。儘管上司會欣然接受你的讚美之詞，畢竟老闆也是凡人，不會拒絕聽些好聽的話，但這會讓你失去原則和立場。

很多人的愚忠是為了掩蓋他們能力上的不足，妄想透過討老闆的歡心來彌補自己工作上的馬馬虎虎。但是一個真正的領導者是不會被幾句好話、幾個笑臉所蒙蔽的，當他們識破了愚忠者的「陰謀詭計」時，就會毫不猶豫地將其拋棄。

儘管很多人的愚忠並沒有使壞的念頭，只不過是為了贏得老闆更多的信任和照顧，但這並不表示他們的做法是值得提倡的，有時候這樣的人甚至能夠斷送上司的判斷力。因為不管上司老闆說什麼，他們都會毫不猶豫地說「好」，並且會用盡讚美之詞來誇獎。即便老闆做出了錯誤的決策，他們也會拍手叫好，才不管會造成什麼樣的損失呢。

愚忠與忠誠有著天壤之別，透過兩者的職業發展路線就可以看得出：

起步階段：忠誠者可能並不為關注，因為他們並不像愚忠者那樣善於表露自己的態度，和善於吹捧自己的上司。所以在這一階段，愚忠者略勝一籌，他們更容易得到老闆的賞識，也更容易獲得重要的工作和升遷的機會。

發展階段：工作是慢慢表現的過程，當忠於公司的忠誠者在累積的工作中慢慢表現出自己的態度後，就會得到公司的重視，並且會因得到信任而受到重用，甚至進入公司的管理核心；而這一階段的愚忠者則會慢慢露出馬腳，表現出只會拍馬屁卻沒有真功夫的一面，當他們對工作不能勝任的時候，就會停留在原有職位上，或是被其他人取代，甚至會被公司拋棄。在這一階段，忠誠者會慢慢超越，真正的得到賞識。

可見，真正的忠誠是用行動表示，而不是用語言來描述的。愚忠是萬萬不可取的，那是蠢人才會使用的職場謀略。任何一個明智的老闆，都會讚賞和重用那些真正忠誠的人，而最終拋棄那些能說善道卻毫無辦事能力的愚忠者。

如何面對「高薪」、「高職」的誘惑？

很多人在工作上假使有自己無法滿意的時候，
就會對新工作蠢蠢欲動。

現今的社會，「跳槽」似乎成為一種趨勢，更有很多人把跳槽當作謀求「更高薪水」、「更高職位」的手段。當職缺自動找上門來，就是大好的機會來敲門。

榮輝人力資源專業畢業以後，進入了一家廣告公司的市場行銷部。剛開始在這個與他所學專業並不吻合的職位上，榮輝認真努力，並且十分謙遜，試圖以最短的時間適應工作。他的努力並沒有白費，半年還不到，他已經成為業務精英，

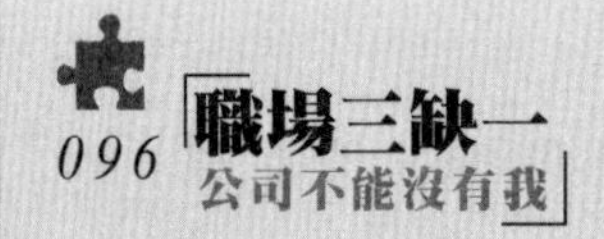

為公司所重視。

然而他的學習能力也受到了其他公司的青睞。另外一家公司為榮輝提供了一份與市場行銷相關的工作，並且薪資是原來的兩倍。因為兩家公司的經營項目並不相同，所以，榮輝幾乎還要從頭開始學習，但是他的聰明機靈幫助他戰勝了難關，再一次成為公司的焦點。

榮輝在這個職位上工作的時間不超過一年，接下來，他又更換了幾次工作，雖然每次工資都比上一個的高，榮輝也似乎學到了很多東西，但每次更換工作，他的職位並沒什麼突破性的提高，而他也漸漸的有些迷失，不知道自己未來應該向什麼方向發展。畢竟他所經歷的太亂太雜了。

榮輝是典型的職場打雜一族，工作幾年，換的工作不少，但都是基層的工作。然而當初榮輝在第一家公司的同事，卻已經升到了管理層的職位，薪水比他高不知道多少倍，要知道，他當年的業績可是遠遠不如榮輝的。

雖然榮輝明顯的感覺到自己工作經驗的豐富，適應和學習能力強。然而他對自己未來的職業生涯卻始終沒有一個明確的定位與規劃，只是盲目的為薪水而工作，核心的競爭力沒有得到成長。

榮輝的例子很普遍。面對更高的薪水，能夠不為所動的人簡直少之又少。的確，工資是衡量工作成績的重要標準之一，對於很多人來說甚至是唯一標準。但是跳槽之後，原本累積的資源能夠再利用的機率也非常低。即便新工作提供的薪水更高，也必須要從零開始尋找機會，更談不上站在什麼高度上進步了。

所以，在考量薪資的同時，也不能忽視學習和成長空間的問題。當你頻繁跳槽的習慣養成之後，你就會在尋找下一份工作上浪費寶貴的時間和精力。想想吧，就算是另外一份工作主動找上門來，讓你節省了尋找工作的時間，但是你至少還要花費一部分的精力用來結識新同事、熟悉新環境、熟練新工作。

看來，當你對現在的「薪水」、「職位」不滿意時，未必是工作、公司的問題，先來看看是不是自己的態度不夠端正。你是否對這份工作不夠忠誠，因此你並沒有全心全意的付諸努力在工作上，因此，你沒能得到自己想要的。相反，如果你對工作夠忠誠，即使在現狀並不能讓人滿意的情況下，也能夠埋頭苦幹，那麼工作也能夠「感受」到你的忠誠，從而對你的努力給予回報。

實戰練習

讓人心態不穩的N種狀況

很多人在工作上假使有自己無法滿意的時候，就會對新工作蠢蠢欲動，而這些誘惑不只有「高薪」、「高職」，來看看都有哪些狀況會讓人心態變得不穩定呢：

一、薪水過低

這個理由首當其衝，畢竟大多數人都是衝著「薪水」工作的。如果自己的長期付出和百般努力與薪水不成正比，相信沒有人會再有拼命的動力了。但是在抱怨薪水過低的同時，也要考慮清楚這只是短暫的現象還是一貫如此，如果是前者，相信也沒有心態動搖的必要。

二、無法人盡其才

明明自己有「十八般武藝樣樣精通」的能耐，偏偏不被重視。在現在的公司或職位，自己的才能都無法得到施展，這的確是讓人很鬱悶的事。但你是否認真思考過，你是否為展現才華而在工作上積極表現？還是你不過在等待別人發現你的才能？抑或是你認為現在在做的不過是「殺雞焉用牛刀」的小事，所以根本沒放在心上？如果你的答案是其中之一，那麼問題的本身不就出在你自己身上嗎？

三、工作條件不理想

有很多情況，例如工作的時間過長，工作地點離家太遠，或是經常出差，不滿意現在的工作氣氛，不滿公司的升職方式等等。如果出現這樣的狀況，那就要儘量協調，不要首先就想到更換工作，儘量克服對現狀的不滿意。首先想想現在這份工作的好處，如果更換工作將失去這些好處，你會怎麼樣選擇。

四、自我提升的準備

開始覺得自身的能力跟不上工作的步伐，或是對未來有更高的要求，因此想要有充電的打算。想要透過培訓或其他教育手段使自身的知識和能力有所長進。能這樣固然是一件好事，但未必要以失去工作為代價，可以考慮合理分配時間，在工作以外的時間來完成上述的修煉。

04.

危難時刻，不要選擇「走人」

一個有能力的人不難找，但一個既有能力又忠誠的人卻是千里難尋。

忠誠並不是隨口說說的「承諾」，而是無論面臨什麼情況時，都能夠經得起考驗的行為。尤其當公司的經營出現問題，自己的利益受到威脅，面臨危機的時候，是考驗員工是否忠誠的最佳時機。而這正是這種情況下的「忠誠」才最可靠，最有價值。

並不是所有的公司都能在旺季收到超額的利益，陳先生的旅行社就遇到了公司有史以來最大的一次「災難」。

本是旅遊旺季，但是由於對手的惡性競爭，導致大部分的業務都被競爭對手攬走了，這讓陳先生的公司遭遇了前所未有的危機。

陳先生是個通情達理的人，他不想由於公司的危機連累到努力打拼的員工，所以向大家聲明：公司的業務量下降，資金周轉也出現了困難，所以如果有人提出辭職，他會立刻批准，並且補發兩個月的薪水，以保證大家能夠在找到新工作之前也不會生活拮据。

陳先生在向大家宣佈這個消息之前，已經做好了心理準備，辦公室將會變得冷冷清清。讓他出乎意料的是，員工們表現出了史無前例的團結，他們一致表示不會離開，願意跟老闆共同渡過難關。

正因為有了這份團結和忠誠，公司上下一心，沒過多久就成功擺脫了危機，而且還給了競爭對手們一個沉痛的打擊。正當對手們感到措手不及時，陳先生的業績已經迅速超前，比危機發生前做得更好。

陳先生感慨萬千，「要不是員工們的忠誠，這家公司恐怕早已倒閉了！」

沒錯，正是員工們的忠誠使公司擺脫了危機。在公司的

危難時刻，身為員工，出於自身的利益考慮，是否一定要選擇「走人」呢？

答案並不是絕對的「YES」。誰都不能保證一家公司總是風平浪靜，沒有陰溝翻船的時候，危機幾乎是每個企業都必然面對的問題。然而危機是短暫的，就像陳先生的公司，不但可以安然度過危機，還能夠創造前所未有的業績。所以在這種情況下，員工並不一定要選擇走人，留下來幫助公司戰勝危難，這並不是沒有好處的。首先，「走人」後未必前途更好。

有這樣一個故事：

一頭驢餓了，便走到一堆乾草前打算好好的吃上一餐，當牠低下頭正打算享用美食的時候，卻發現旁邊的那堆草好像更大更美味，於是牠便走到旁邊的那堆乾草前。當牠再次低下頭準備開動的時候，奇怪的事情發生了，怎麼剛才的那堆好像比現在的這個更大一些？於是這頭驢便在兩堆乾草之間走來走去，走了很久都沒有決定要吃哪一堆的。

其實，驢子如果走遠一點兒就會發現兩堆草實際上是一樣多的。只是牠總是在準備吃草的時候「這山望著那山高」，不能夠踏踏實實地填飽肚子。

在職場中，「走人」與否也是類似的一種狀況。在公司的危難時刻，留下來可能會面臨一些難題，然而「走人」也未必會有更好的結果，至少首先需要面對的就是再次「面試」。當然，仍然不可避免的是，再次就業後是否又會跳到一個更差的企業中去。所以，「走人」後前途是未知的。

其次，「留下來」信任倍增。

陳先生的公司安然度過了危機，就連他自己都說，這與那些留下來的員工的努力是密不可分的。他對於員工們的忠誠沒有任何疑點，因此，對於這些員工也就多了幾分信任。試想如果將來公司發展得更好，需要源源不斷的人才供給，在提拔人才的時候，陳先生會錯過那些與自己共患難的員工嗎？

將公司的危難，看成自己的危難。將對公司的忠誠，看作是對自己的忠誠。這樣的忠誠能夠增強老闆對自己的信任，也能夠形成集體的凝聚力。這就是為什麼很多老闆都會將忠誠看得比其他品格更加重要的原因。一個有能力的人不難找，但一個既有能力又忠誠的人卻是千里難尋。

實戰練習

測試你的忠誠指數

用「A＝非常同意、B＝比較同意、C＝不一定、D＝比較不同意、E＝非常不同意」回答下述問題：

1、小時候稍有不如意的事就會有「離家出走」的想法。

2、總覺得別人的生活比自己的好。

3、總是看到自己的壓力，還經常將其與別人的輕鬆快樂對比。

4、嚴守祕密，即使對自己有天大的好處，也不會洩漏。

5、從來沒有做過貪污的事，即使是很小數目。

6、你覺得富人的「財」中總有不義之財。

7、如果你的朋友或情人對你不好，你就有可能背叛他。

8、喜歡談論別人的是非。

9、你認為如果說謊不會造成嚴重的損失，就沒有關係。

10、對於自己的缺點，你從不掩蓋。

11、那些對自己毫無利益的事，你從來都不會插手。

12、你覺得自己是很難抵擋誘惑的人。

得分方法：

	1	2	3	4	5	6	7	8	9	10	11	12
A	1	1	1	5	5	1	1	1	1	5	1	1
B	2	2	2	4	4	2	2	2	2	4	2	2
C	3	3	3	3	3	3	3	3	3	3	3	3
D	4	4	4	2	2	4	4	4	4	2	4	4
E	5	5	5	1	1	5	5	5	5	1	5	5

測試結果：

將自己的總得分除以6，所得分數即為你的忠誠指數，忠誠指數越大證明你的忠誠品格越高。

第5課 責任感時刻在肩上

責任是衡量一個人是否優秀的標準之一，人們在尋找伴侶時都會考慮未來的另一半是否具備「責任感」，而在職場中，對工作的「責任心」也毫不例外的成為考察的一個要點。因此，是自己應當面對的，就千萬不要想盡各種方法、找遍各種理由的把它推開，也許在你推開責任的同時，也同樣推開了機會。

01.

抱怨，是因為你沒有看到方法

抱怨只是因為你沒有看到解決的方法，
只是為自己的差錯找的一個藉口。

作為一個公司的老闆，什麼樣的員工能夠成為你心目中的最佳員工呢？

1. 遇到難題就主動「讓位」，把問題留給其他人，自己只知道退縮。

2. 出了問題馬上給自己找出「不在場證據」，永遠不會讓麻煩惹上身。

3. 看到別人做得好，就找出一大堆理由，以證明並不是自己的能力問題。

4. 總是抱怨自己得不到機會或是不懂得「拍馬屁」才無法得到上司歡心。

……

不用說，以上這些一定不會是老闆們理想員工的人選，而相反，那些將公司的事不僅僅當作自己的工作，而變成自己的一種責任，當作自己的事，為公司積極解決困難的員工則會贏得老闆們的青睞。

事實上，這並非一種假設猜想，一項對美國若干大公司的CEO調查結果也得出了同樣的結果：CEO們所欣賞的是那些「主動要求新工作」、「樂於接受新挑戰」的員工。他們所重視的不僅僅是最終的結果，同樣重視他們在工作中的態度，那些有勇氣、信心的人往往會受到重用。

可見，積極主動是老闆們樂於看到員工表現出來的品格。

「天行健，君子以自強不息。」這是《周易》中的一句話，意思是說「天道的運行總是強健不息的，而作為一個君子，也應當具有奮發向上的態度。」無論遇到怎樣的挫折、打擊、困難，都應當積極應對，而不是一味的消沉、抱怨。真正的君子是不應當被困難擊倒的。

因此，無論是作為老闆，還是普通的員工，都不應當躲避困難，逃避責任，或是怨聲載道，積極地尋找出路才是真正的勇者。

平緯是一家機械裝備公司的業務員，因為是個新手，資歷尚淺，所以他還沒有多少機會獨立承擔業務。

最近老闆透過一些管道得知，南部地區有些公司對這種設備有興趣，但也要先派人到當地考察一下。大家都知道這不是什麼肥差事，當地的條件並不理想，更何況事情談得成談不成都是未知數，所以也很難談什麼業績。在這種情況下，老闆根本不能指望有人會主動申請，就連那些指定的員工也紛紛找理由推掉了。雖然聽起來都是些合理的理由，例如手上還有 case 要進行，但老闆自己也明白究竟是怎麼回事。

平緯大概是認為這是個鍛鍊能力的好機會，或者是他根本不把這樣艱苦的條件放在眼裡，他主動到老闆那裡要求承接這項任務。

雖然已經有了心理準備，但到了那兒，平緯才發現情況比他想像的要糟糕得多。沒過多久，他就已經有了度日如年的感覺。更讓他灰心喪氣的是，他拼命聯絡了幾家公司，也盡了最大的努力，但最後只有一家簽了採購合約。

儘管平緯沒有做出驚人出色的成績，卻得到了老闆的肯定。因為在任務面前，不管簡單還是困難，他都沒有推三阻四，勇於承擔工作上的一切。老闆非常欣賞他這一點，正因如此，老闆不但沒有責怪他的業績平平，反而讓他承擔其他更重要的任務。再加上他的積極努力，沒多久平緯就被升為分公司的經理。

有些人總是會抱怨工作條件的艱苦，任務的艱巨，或是用「我沒做過」當作藉口，來推掉麻煩的事。然而，抱怨只是因為你沒有看到解決的方法，只是為自己的差錯找的一個藉口。與其喋喋不休的抱怨，還不如尋找問題的出口。

工作本身就是一個邊做邊學的過程。雖然很多老闆會像《穿著Prada的惡魔》中的惡魔老闆那樣，對員工狠狠地說「請你來是做事的，而不是學習的」，然而，再有能力的人也要在工作中不斷的學習，這是一個不爭的事實。所以，遇到一點難題就推三阻四，或者抱怨沒完是最無聊的做法，因為那樣只會浪費你進一步學習和進步的時間。與其讓抱怨破壞自己和他人的心情，還不如踏踏實實靜下心來，努力尋求解決的辦法。

實戰練習

你是個抱怨鬼嗎？

一、關於天氣，你的描述通常是：

A. 因天氣的反覆無常發牢騷

B. 很少評論

C. 總是談論好天氣

二、吃飯時，你的表現通常是：

A. 吃得津津有味

B. 很挑食

C. 公開說明自己不喜歡吃的食物

三、你常常認為自己是個：

A. 很倒楣的人

B. 壞運氣和其他人差不多

C. 十分幸運的人

四、你認為自己的同事：

A. 比你優秀

B. 大家彼此彼此

C. 彼此幫助，但能給你帶來快樂

五、當你打開衣櫥挑衣物時，你會發現：

A. 它們依然合身合時

B. 衣服全部過時了

C. 需要更新部分衣服

六、比較自己和別人的生活你會認為：

A. 別人都比你過得好

B. 大家的生活狀況差不多

C. 自己並不是很幸運

七、你認為自己的個性是：

A. 坦率

B. 喜歡交流

C. 沉默寡言

八、下面三種顏色中，你最喜歡：

A. 紅色

B. 灰色

C. 黃色

●計分：

	1	2	3	4	5	6	7	8
A	1	3	1	1	3	1	3	2
B	2	1	2	2	1	3	2	1
C	3	2	3	3	2	2	1	3

●測試結果：

8－13分：

你簡直就是個抱怨鬼。不管對人對事，都喜歡挑剔。外界很容易將你惹毛。

14－19分：

你可能會為某些特定的事煩惱而有所抱怨，但大多數情況下，你能夠坦然地接受工作中的不如意。

20－24分：

你是一個容易知足的人，對待工作的態度也積極樂觀。正常情況下都會主動為自己和他人排憂解難。

指責別人不如指責自己

不要妄圖找任何藉口來推卸自己的責任，
明明是自己的錯，卻要用指責別人來當做擋箭牌，
這更是一種可惡的行為。

週末，謙光和家人一同到郊外遊玩，正當他們開車在路上行駛時，看到了一幅令人十分驚訝的畫面。

在馬路的一側，一個中年人正在手忙腳亂的從地上拾著報紙，由於大風的關係，報紙已經被吹得七零八落。讓人覺得驚訝的是，這個中年人竟然是個腿部不方便坐著輪椅的人，每每拾起一份報紙，他都要費力得直起身來，挪動輪椅到另外一處，有時甚至還要跪在地上。謙光馬上把車停好，一家人衝下車去幫忙。

老天似乎不想幫忙，風越刮越大，要不是路邊的樹木擋著，報紙早就不知道吹到什麼地方了。

「發生什麼事了？」謙光看到家人們已經把散落的報紙拾起來，便把撿到的報紙交到中年人的手中，詢問道。

「我今天的工作是把這幾捆報紙送到客戶那裡，可是由於我的疏忽，當我到達客戶那裡時卻發現少了一捆。我猜想可能是途中出了什麼差錯，所以趕快沿途回來尋找。接下來的事情我想你們都看到了，我來到這裡，發現報紙飄得滿地都是。」中年人無奈的攤了攤手，謙光發現他的一隻手臂抖個不停。

「真是要感謝你們一家人，要不是你們幫忙我大概現在還在手忙腳亂的撿報紙呢！」

「難道你打算一個人在這撿報紙嗎？」謙光看到中年人有些疑惑的眼神，又補充道「我的意思是，你為什麼不找人來幫忙？」

「為什麼找人幫忙？」殘疾人奇怪的看著謙光，「這是我的疏忽造成的過錯，我必須承擔，因為這是我的責任。」

身為一名殘障人士，如果他找人幫忙，相信他的老闆和客戶都不會有所質疑，然而他卻沒有這麼做。他不認為自己的身體條件能夠作為為自己犯錯開脫的藉口。

當工作中遇到了不如意的事，很多人會立刻將矛頭指向他人，認為一切都是別人的過錯。或者即使是自己的錯，也是因為別人的某種行為導致自己出錯。但卻從來不找自己的問題，不願承認自己的過失，這樣對任何人職場的發展都是百害而無一利的。

不要妄圖找任何藉口來推卸自己的責任，明明是自己的錯，卻要用指責別人來當做擋箭牌，這更是一種可惡的行為。這對於解決問題絲毫沒有幫助，

出錯時，最好的方法就是找到自己的問題，與其到處指責別人，還不如找找自己的毛病。即便在沒有任何過失的時候，應當主動嘗試自我檢討，這樣更有利於在職場的長期發展。

當你妄圖撇清自己的責任，而一味的責怪和批評他人時，你所捏造的藉口或者說出的「實情」不僅對對方造成傷害，同時也貶低了自己。

實戰練習

你需要嘗試的自我檢討

考慮下面的幾個問題，並將自己的答案寫在下面

一、你是否常常「算計」？

在團隊合作的工作中，你是否經常算計自己做了多少工作，拿了多少報酬，別人的情況又是怎樣？

詳情描述：________________________________

如果你的答案是「是」，那麼從現在開始你就需要檢討了。工作的目的的確不能排除是為了得到報酬，但如果你把「薪水」或「升職」首先擺在面前，就無法盡心盡力的工作，你所能想到的就是付出與回報一類的事。要記住，要對工作負責。

二、你是否帶著情緒工作？

你是否在工作中常常遇到一些不愉快事件，而這些事也經常伴隨著你？你是否將生活中不愉快的情緒也帶到了工作中？你是否常常將個人對同事、上司的意見帶到工作過程中？

詳情描述：________________________________

如果你的答案中其中有一個是「是」，那麼你就要好好

檢討一下了。情緒不是不能有，但情緒和工作是兩碼事，如果你還不能分清他們的界限，那就永遠無法做出什麼驚人的成績了。

三、你是否竭盡全力

回顧以往的工作，你是否將所有的能力都發揮出來。

詳情描述：＿＿＿＿＿＿＿＿＿＿＿＿＿＿＿＿＿＿＿＿

不是總要等到出了差錯才開始指責自己的過失。在平常的場合，也要認真的考核自己是否對工作竭盡全力，這樣才能夠避免問題的出現。

03.

勇於承擔錯誤結果

出錯並不可怕，可怕的是在面對自己的錯誤時，

不能夠痛快承認，還想要百般抵賴。

每個人一生都不可避免地會犯些大錯小錯。面對錯誤，正確的態度是勇於承認。

親口承認「我錯了」、「這是我的過失」，這些話的確令人難以啟齒，尤其在人多的場合，更是讓人有種顏面掃地的感覺。

但事實上，更多的情況是，當某個人能夠勇敢承認自己的過錯，並且有勇氣承擔的時候，人們對他的態度是對其勇氣的讚揚和敬佩，而不是指責。

一天的工作就要結束了，某百貨公司的售貨員艾林正在

收拾櫃檯。這時候，櫃檯前來了一名法國顧客。看到顧客的到來，艾林停下手中的工作，熱情地接待了這位法國客人，並幫助她挑選到了一台新款的手機。顧客走後，就已經到了下班時間。按照慣例，售貨員必須要對所剩的商品進行盤點登記，艾林認真的清點著。突然她發現最後售出的那個手機仍在櫃檯下面，而空心的樣品不見了。

艾林立刻想到在最後包裝的時候把樣品誤裝進包裝盒內了，於是她立即將此事報告給公司總部。公司總部接到這一消息，認為事關顧客利益和公司信譽，立刻組織人手尋找那位法國顧客，希望能夠在商場附近找到她並及時彌補公司員工所犯下的錯誤。但是顧客已經不見蹤影，該公司立刻透過她的刷卡記錄查出了她的姓名，並且知道了她的職業是一名記者。在得到這一資訊，該公司總部部分工作人員一方面開始透過電話向本地各家飯店進行查詢以期找到此人。

與此同時，另外一部分人則根據艾林提供的一張法國快遞公司的名片，向法國方面打聽顧客家人的地址以及電話。經過幾個小時的努力，儘管在對各大飯店的調查一無所獲，但是在法國傳來了好消息，聯繫上了這位顧客的父母，並且得到了她在當地的住址和電話。在忙了一個晚上，一共打出了35通緊急電話之後，大家懸著的心總算放了下來。剩下的任務就是如何登門道歉了。

天漸漸的亮了，公司經理在準備登門道歉之前打通了這位法國顧客在當地的電話，在電話中首先表示了歉意，並和她約定了登門道歉的時間。

按照約定的時間經理一行搭車準時到達顧客的住所。在進入客廳之後，經理立刻向顧客鞠躬致歉，並將一台新的手機拿了出來，並且附送上了一些手機的配件、一盒蛋糕和一張致歉卡。這名法國顧客欣然接受了道歉，並邀請經理一行坐下。這時，經理向這位顧客講述了如何找到她經過，並表示今後會努力避免此類事情再度發生。

在聽了這一經過之後，這個法國人被深深地感動了，本來的憤怒也煙消雲散了。她告訴經理她這次出差除了工作之外就是想給奶奶買一個手機作為生日禮物的。在昨天接受了艾林周到的服務之後滿心歡喜的回到住處想打開新手機玩玩，可是沒有想到竟然是樣品機，根本無法使用。這時，她有上當受騙的感覺，覺得售貨員艾林的熱情周到的服務就是為了使自己受騙上當。

她越想越生氣，本想立即就回到百貨公司去理論，但是由於還有工作要做就決定第二天再去興師問罪的。並在當天晚上就撰寫了一篇新聞稿《笑臉背後的真面目》，準備第二天見報來揭露和諷刺百貨公司的「優質服務」。

透過百貨公司這一番工作，這名顧客瞭解了這其中的誤會，並對百貨公司能為了一台手機花費那麼多的時間和精力來補救工作中出現的錯誤，這種敬業的態度令人感到欽佩。立刻，她又重新寫了一篇題為《35通緊急電話》的新聞稿，並向報社投稿。在這篇新聞稿見報之後，消費者迴響熱烈。該百貨公司因為此事而聲名鵲起，生意一天比一天更好。

出錯並不可怕，可怕的是在面對自己的錯誤時，不能夠痛快承認，還想要百般抵賴。勇敢地承擔過失，並且積極地做出彌補，相信能夠得到的是人們的包容諒解和稱讚。

實戰練習

你有承擔責任的勇氣嗎？

在朋友家做客的時候，看到一個角落裡的物品很精緻，於是想要拿起來看看，結果不小心弄壞了一點，這時剛好朋友在隔壁房間講電話，沒有聽到。

你匆匆收拾好，假裝什麼都沒發生過。你覺得自己可能

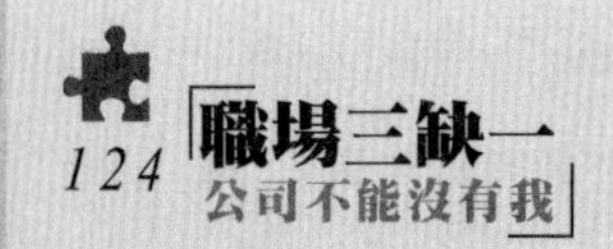

弄壞了什麼東西？

A. 瓷器掉了一小塊皮，幾乎看不出來

B. 很難組裝的模型弄散了

C. 在一個精緻的布娃娃上灑了有色飲料

D. 工藝花掉了幾片花瓣

●測試結果：

選A的人

你能夠勇於承擔責任，並且十分積極。你承擔責任的動作實在太快了，有時候經常連自身以外的責任都一併承擔，這會讓身邊的人覺得摸不著頭腦，而且這種替別人頂罪的行為常常會讓真正有責任的人逃脫。

選B的人

基本上你是一個知道自己有錯就會主動承擔責任的人，但問題是通常你完全搞不清楚狀況，不知道哪些是自己的問題，而哪些不是自己的問題，所以常常在該承擔責任的時候卻冷眼旁觀，給人一種逃避責任的感覺。

選C的人

你是一個有責任心並且十分可靠的人，你能夠分清事情的原委，比誰都清楚誰是主要的責任者，所以，對於那些你必須承擔的責任，絕不會逃脫，而對於那些想要賴在你身上的事，你也絕不會替人背黑鍋。

選D的人

你的責任感很強，不過也很要面子。即使是很小的錯誤，你也會第一時間站出來承擔，但之後就會異常小心，為了避免發生同樣的問題，你得小心常常會讓周圍的人侷促不安，這樣做可有點神經兮兮呢！

04.

一次把事情做好

在第一次就把事情做對，
這本身就是對工作負責任的表現。

菲爾是美國著名的主持人，在他一生的新聞工作中，採訪過很多人和事。在所有的採訪中，有一次的採訪經歷令他印象深刻。

這是發生在他參加工作不久時的一件事。他被派去一個事故現場進行採訪，那是一個礦坑災難，38名礦工被困在地下，情況十分緊急。而身為新聞工作者，菲爾一行人的任務就是發覺焦點，除了對事件作跟蹤報導之外，他們總想找到有新意的東西，比如特殊的場景、特殊的人物，這樣才能與跟他電視台的報導區別開來。

雖然菲爾只有27歲，但一個絕佳的主意跳到他的腦中。他看到眼前的這幅場景，感動得眼淚都快掉出來了：由於天氣寒冷，參與救援的人在休息時就會聚在一起烤火。熊熊燃燒的火焰冒起了黑煙，煙霧和熱氣冉冉升起。而在旁邊，一位中年牧師開始祈禱，跟隨他祈禱的還有那些拭著淚水的婦女和孩子，這時候天上也開始飄起了皚皚白雪。飄雪、煙霧、熱氣、祈禱，以及新教徒的聖歌，構成了眼前一幅感人的畫面。

菲爾甚至已經開始想像，當這樣一幅畫面，伴隨著自己的解說在電視上出現的時候，將是一則多麼精緻的新聞。

正當他和同伴們舉起攝影機開始錄製新聞的時候，令人失望的事情出現了。攝影機開始發出「嘎嘎」的聲音，這個聲音讓大家頓時擔心了起來，尤其是菲爾。由於天氣寒冷的緣故，攝影機必須要持續保溫，否則它就會因為機油凍結而罷工。現在的「嘎嘎」聲就意味著攝影機罷工了。

於是他們不得不立刻把攝影機挪向火桶。而菲爾只能站在那裡，看著那美好感人的畫面一分一秒的流失。當攝影機終於恢復工作的時候，祈禱已經結束。

但既然已經想到這個新聞畫面，菲爾怎麼可能輕易錯過。

於是他找到剛剛祈禱的那個牧師，向他解釋和發出請求：「牧師您好，我叫菲爾，是一名記者。我們的攝影機剛剛出了一點兒狀況，所以沒能將您剛才完美的祈禱記錄下來。現在，我能不能冒昧的請您再重複剛才的祈禱？」

牧師對菲爾的話感到十分困惑，「可是我剛才已經祈禱過了。」

菲爾再次強調了自己的身份，希望牧師重新考慮。但牧師的回答很堅決「我已經祈禱過了，再做一次是不對的，這樣不誠實，上帝也不會接受的。」

菲爾不敢相信自己耳朵所聽到的，看起來牧師是決不會再祈禱的。然而事實上，不管是墜機事件，還是其他重大的災難現場，為了幫助那些姍姍來遲的記者們，很多牧師和神父都願意再度祈禱。

菲爾覺得大概是自己還不夠誠懇，於是，他抱著不放棄的精神想要說服牧師：「牧師，我們有200多個聯播電視台，有上千萬的觀眾，他們都期待看到這場祈禱，也希望同您一起為這場災難祈求上帝的保佑。」菲爾認為自己的理由足夠充分，他等待著牧師的回心轉意。

「不！」牧師的堅決讓菲爾感到絕望，「這樣做是不對的，我已經向上帝祈禱過了。」接著，牧師轉身離開現場。

儘管菲爾當時無法理解牧師的固執，過了很久，菲爾終於能夠明白牧師如此執著的原因。不願意為了上千萬的觀眾重新做一次祈禱，他的堅持正表明了他對這份神聖工作的責任。正如他自己所說的「再來一次是不對的」，牧師所做的每一次祈禱都是真誠，發自靈魂深處的，而不是為了某些人或某種場合所做的形式上的戲劇一般的表演。這說明他對工作是負責的，對人生是負責的。

沒錯，工作就是要一次做好，不要指望時候可以彌補。很多工作做得不好可能只會造成某些經濟上的損失，甚至也有很多不會造成任何損失，但也有很多工作所造成的是嚴重的人員傷亡，例如很多食品的加工，如果由於工作人員的疏忽，沒能保證食品的健康安全，就會引發很多人的疾病甚至付出生命的代價。

工作不分貴賤，正因為如此，每一份工作都是需要責任心來灌溉的。在第一次就把事情做對，這本身就是對工作負責任的表現。

人非聖賢，孰能無過。如果什麼事都要求一次就做對做好，這似乎看起來有些不合乎情理，人又不是神仙，怎麼能保證一點兒錯誤都不犯呢。想想一條生產線的生產過程，其中哪個環節出錯都會導致整個產品的不合格，這就要求每個人都要打起十二萬分的精神，在任何一個環節都要保證品質的100%的合格。所以，「一次把事情做好」這是一種工作態度，也是每個人都應該重視的行為準則。

不要放鬆，不要對「錯了再改」抱有一絲希望，很多事情錯了是無法彌補得了的。

團隊精神成就你的核心地位

每個人都希望自己成為團隊中最為重要的那一個，儘管如此，並不是誰都能得償所願，想要成為核心，個人能力是重要的，但卻不是最重要的。

團隊的作用在於發揮1＋1＞2能量，而在能量的爆發中，每個成員都不能向化學公式中計算好的那樣，散發出同樣的能量。在團隊中，每個人有著不同的位置，發揮著不同的作用，散發著不同的能量，自然也擁有不同的地位，領著不同的薪水，面臨著不同的機會。

01.

一群人聚在一起就是團隊？

團隊並不是一群人湊在一起，從事一個工作，
而是能力上能夠互補，擁有共同的目標，
但卻從事不同的工作。

大部分畢業的大學生都會在自己的履歷中填上「具備團隊合作能力」這一項，可見，團隊在職場中的重要性。

競爭的激烈，加之社會分工越來越細，很多工作都不是一個人努力便能完成的。那麼，一群人聚在一起是不是就是團隊呢？當然不是。

我們之所以重視團隊的作用，就在於團隊能夠提高組織

的運行效率。

某公司的兩個部門舉行攀岩比賽，為了這次比賽，兩個部門都選派了運動精英來參加。比賽一開始A隊就陣容整齊，大喊口號，顯示出了齊心協力的氣勢；而B隊則沒有什麼表示，還幾個人湊在一起嘀嘀咕咕的說著什麼。

隨著一聲號響，比賽開始了，A隊拿出了全部力量，儘管在整個過程中頻頻遇到「險境」，但在大家的團結努力之下，他們終於能夠齊心協力的排除困難，最終完成了任務。正在A隊為自己的抵達而歡呼時，卻看到早已到達終點的B隊。

原來，B隊在比賽開始前就已經排好陣型，他們將人員進行了精心的組合：把動作機靈的小個子安排在最前面，第二個是個子高的隊員，將攀岩能力很強的放在最後一個位置，剩下的女士和身體比較壯的隊員放在了最中間。這樣，他們幾乎沒有遇到什麼「危險」就迅速到達了終點。

有此可見，團隊並不是一群人湊在一起，從事一個工作，而是能力上能夠互補，擁有共同的目標，但卻從事不同的工作。而在完成整個任務的過程中，他們能夠發揮每個人的才能特長，並且注意流程順序，使他們的搭配能夠最有效率的完成任務。

儘管團隊是一個整體，大家是為了同一個目標工作努力，卻並不意味著每個人都要獲得相同的報酬。正因為在團隊中，每個人有著不同的工作，發揮不同的才能，也就表示應當在報酬上有所區別。

25歲的韋爾奇來到通用電氣的一家研究所工作，那時的年薪已經令他感覺很滿意，工作起來也特別順心。到了年終的時候，由於工作表現良好，還得到了年終獎金，這讓韋爾奇感覺不錯。可是無意之中，他發現辦公室裡所有人的薪水竟然是完全相同，甚至連年終獎金都分文不差。他認為這樣非常不合理，明明自己的工作成果要比其他人好很多。於是他找到老闆，向老闆說明情況，並且要求提高新水。結果，老闆並沒有答應他的要求。韋爾奇很沮喪，萌生了離開的想法。

正當他已經下定決心離開的時候，韋爾奇的上一級主管魯本・加托夫來到研究所視察工作。他對韋爾奇這個新人並不陌生，也深知這個年輕人能力非凡，因為在之前的幾次業務會議上，韋爾奇就已經用他「脫穎而出」的想法超出了加托夫的預期。

當加托夫得知韋爾奇想要離開公司的時候，立刻展開了遊說行動，不斷的挽留韋爾奇，並且要改變老闆的想法和公司的官僚作風。於是，在夜裡一點鐘的時候，當韋爾奇已經進入夢鄉，並且準備第二天就離開的時候，加托夫仍然在高速公路旁的電話亭裡做老闆的工作。

這一切的努力並沒有白費，韋爾奇果然留下來了，加托夫的認可是他留下來的主要原因。而從那以後，韋爾奇在管理中實行區別對待，這成為他管理手段的一個基本的組成部分。

有些人認為，在一個團隊中實行區別對待，就會使其他人有情緒，影響團隊士氣。但平均對待的做法難道就不會影響那些工作成績突出，付出努力貢獻更多的人嗎？

事實上，在一個團隊中，不但要區分不同人的能力來分配不同的工作，也應當區別對待每個人的報酬，只有這樣才能建立一支強而有力的團隊。

也唯有如此，才能在團隊中既保持精誠團結的合作精神，也不缺乏彼此之間的競爭關係，只有這樣，才能提高整支團隊的戰鬥力。

要知道，個人能力的發展永遠比不上團隊的發展，建設

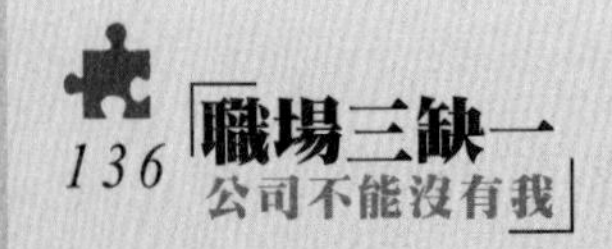

團隊，培養團隊中的每一個人，用競爭激勵使他們主動進步發展，這遠比自我追求卓越重要得多。也正因為如此，作為團隊的領導者，就應當充分的利用團隊成員的能力，將權力適當的下達，以充分發揮團隊每一個成員的才能。

約翰・麥斯威爾在書中寫道：「管理者給予員工多大的權力，員工就會產生多大的動力。」有經驗的管理者會認真地研究向員工授權的方式與授權的範圍。員工在得到授權後，也獲得了更加靈活的發揮自己創造力與才能的空間。但是，員工得到更多的授權並不等同於沒有約束的權力下放，不加區分的權力下放是一種效率低下、適得其反的授權。

在授權之前，管理者要認真地思考與研究。有魄力的管理者不僅善於授權，還會鼓勵員工合理使用授權，給予員工必要的支持與幫助，促使他們實現自己的目標。

一些領導者擔心會失敗，員工在工作中會偷懶，因此不願意向員工授權，極力壓制員工得到授權的渴望。而有的管理者認為：要想教會一個人正確地做一件事情需要耗費太多的時間，還不如我自己一個人完成這件事呢。因此，就凡事親歷親為。

但隨著人們的工作節奏越來越快，我們需要把目光集中在那些手頭上急需處理的事情上。如果我們想儘快完成某一項工作，最好自己親手去做。但是，作為管理者，我們不僅要對工作進度負責，更應該對員工的發展負責。有了有效的授權，員工的工作技能才能逐漸提高，才能營造出一種珍惜權力、善用權力的工作氣氛，並逐步提升團隊的戰鬥力。

授權不僅使你更有效地利用自己的管理時間，也會促使員工更有效地利用他們的工作時間。同時，授權也可以幫助你擺脫常規性工作的束縛，把自己的寶貴時間放在更重要的地方。

實戰練習

團隊的組成要素

一支有效的團隊的組成要素可以用5P來表示

一、成員（People）

成員是構成團隊的最基本的要素，但是並不是一群人聚在一起就能夠形成一個團隊，有效的團隊需要不同背景角色、不同思維方式、不同知識技能、不同經驗的人員，唯有如此，才能夠透過分工實現團隊工作最有效率的完成。

二、目標（Purpose）

在團隊開始運轉之前，每一個團隊都需要為自己賦予一定的目標。這樣，團隊所有成員才能夠齊心協力的朝向一個目標努力。沒有目標的團隊就如同迷失方向的隊伍。再努力、再有能力，也做不出什麼成果來。

三、定位（Place）

這裡的定位不僅包括個人在團隊中的定位，還包括團隊在整個組織中的定位。只有將自己處於什麼角色弄清楚，才能找到個人和團隊的長期發展的明確方向。

四、許可權（Power）

團隊的領導者負有什麼樣的責任，團隊的成員應有怎樣的權利，這些都是團隊的許可權，而在建立一個的團隊的同時，也應當對這些權利有明確的認識。

五、計劃（Plan）

有了總體目標和團隊的前進方向，還需要制定具體實施的計劃。將目標分成幾個階段，如何在每個階段有步驟地完成，這就是計劃的內容。一個好的計劃能夠將有效的資源合理利用

02.

你有資格成為核心嗎？

一頭羊帶領的獅子軍隊，

打不過由一頭獅子帶領的羊部隊

團隊中追求合作精神，追求1＋1＞2的效果，並不提倡某一個人逞強，但也並不意味著每個人的工作就是平均分配。在團隊中有一個奇妙的法則：12321，也就說，在一個團隊中有一個帶頭人，兩個精英，三個中層人士，兩個培養對象，一個最終被淘汰。可見，在需要精誠合作的團隊中，也並不是沒有競爭的存在。

對於團隊成員來說，首先需要保證的是不被淘汰，新人就希望成為培養對象，而中層人士希望成為業務精英。當然，每個人都想要成為帶頭的人。

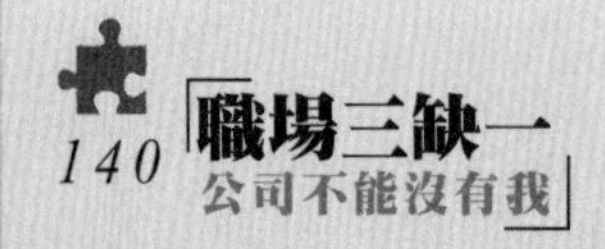

12321原則並不是為只有九個人的團隊專門設計的，而是在一個團隊中成員重要程度的關係比例。從這個比例中可以看出，團隊的核心——帶頭人和精英總是少數。因此，想要成為團隊的核心，就要看你有沒有這個資格了！

為什麼團隊的核心會如此重要？大雁南飛的時候總會排成既定的陣型，然而在陣型中也有關鍵位置，在關鍵位置的大雁出了差錯，就可能使整隊大雁飛錯方向。而在兩軍對壘時，「擒賊先擒王」也是這個道理。在管理學中有這樣一句話「一頭羊帶領的獅子軍隊，打不過由一頭獅子帶領的羊部隊」，這句話充分說明了團隊中核心人物的重要性。

核心成員雖然在團隊中占少數，但他們能夠發揮的能量卻不可低估。他們所擁有的人格魅力和專業能力能夠協助和帶動整支團隊，使團隊成員的能力發揮到最大。

要成為一個團隊核心，要具備什麼樣的條件呢？自然是那些兼備品格優秀和能力出眾的人。

優秀的品格指的是個性樂觀、辦事成熟、人品正直。個性樂觀的人能夠以無私的態度支持身邊的每一個人，他們能夠開心的分享他人的成功，也會積極地面對問題而不是逃避；辦事成熟的人能夠在充分表達自我的同時，也不會傷害他人的利益和感情；人品正直這是對一個人道德方面的基本要求，而團隊核心就更應當如此，他們辦事公道，讓人信任，因此更容易在團隊中形成凝聚力。

核心成員的能力出眾表現在專業、策劃和溝通三個方面。專業就是要具備掌握及運用知識的能力，一個團隊核心不懂業務，只會裝模作樣是不行的，到了戰場上，就要有真槍實彈打仗的能力；策劃能力要求核心成員不但知道辦事的方法，還懂得事情的輕重緩急、關鍵時間，要怎樣才能讓同樣的行為達到最好的效果，要掌握運籌帷幄的能力；溝通能力是核心必備的要素，作為一個核心成員，不能埋頭自己幹，要想辦法帶動整個團隊，因此，溝通成為一項不可缺少的技巧。

實戰練習

如何成為新團隊的核心

如何在團隊中發揮自身優勢，一步一步成為團隊的核心呢？首先要知道在一個新團隊中，團隊的領導者會怎樣做，然後才能對症下藥，在不同的階段採取不同的應對措施，這樣就可以輕輕鬆鬆成為團隊的核心了！

「團隊領導者」怎樣做

第一階段

在最初階段，團隊的掌舵人會按兵不動，表面上看來沒什麼動靜，實際上在暗地裡瞭解每個成員的狀況：成員的能力、性格，是否具備重用的潛質。

雖然只是簡單、初步的瞭解，但這樣的「第一印象」是影響日後提升的重要依據。想要成為核心的你在這時候應當保持積極的態度。不用過於張揚，只需要認真地將每一件事做好。對待上司的「調查」，一定要客觀公正的回答，這樣才能讓他覺得你是一個有責任感的人。而當上司向你問及他人情況時，千萬不要做出「詆毀」的回答，不要片面地指出別人的缺點以提高自己。更不要像上司表露自己才是「公司骨幹」，你只需要老實回答，判斷留給上司自己來做。

第二階段

在經過一陣子的調查後，上司便會一步一步地推出自己的大計，可以說團隊的運行進入了真槍實彈的階段。這時候，上司會更加器重那些真正有能力，能夠輔助上司開拓江山的人。工作能力和協作精神成為上司衡量的主要標準，而作為下屬，應當開始毫無保留的展現自己的才能，在關鍵時候亮出高招。不要為了表現自己的才能，而詆毀團隊中其他人的功勞，更不要為了自己成功，對他人的工作漠不關心，甚至有意拖延別人的進度。

第三階段

這一階段是人事調整階段。經過一陣子的磨合和考察，也經過了實戰的訓練，上司心中會對團隊中每個人的能力、表現有一個最終的判斷，因此，誰能夠成為團隊核心，哪個還可以繼續培養，怎樣的必須走人就要在這一時刻通通要揭曉了。

而在對人事做出調整前，上司會跟每個人作簡短的對話，以做最後的確定，這就是你表現的機會了。對自己和團隊其他同僚都要做出客觀公正的評論，即使自己並不如他人，也要據實說明。

當然也不要為了給上司留下好印象，就全部講別人的好處。上司要考察的不僅僅是你的誠實度，還有你的判斷能力。袒護跟自己關係要好的同事，詆毀與自己關係差的同僚，這都是陷自己於不利的做法。

03.

打造團隊隊員的價值觀

團隊成員的工作並不是相互獨立的，
大部分的工作都需要成員之間相互配合、
相互協作才能夠有效率的完成。

一個人的價值觀是他根據自身需求對事物重要性的認識及評價。也就是說什麼事情對他來說是重要的，什麼事是最有價值的。而一個團隊的價值觀，就是對這個團隊來說，什麼是最為重要的，那些東西是最有價值的。

想要發揮團隊的力量，就應當建立統一的價值觀，使團隊成員凝結為一個整體，發揮團隊的作用，達到共同目標。

一個優秀的團隊總有著高遠的目標，正因為有了共同明確的目標，團隊成員才能夠朝著一個方向努力。當然，並不是所有的團隊目標總能跟個人目標保持一致，當個人跟團隊的目標發生衝突時，站在一個理性個體的角度上，人們總是傾向於維護個人的目標，一旦發生這種狀況，就會使團隊目標的實現受到影響。

因此，在確立團隊目標並將其公之於每個成員的時候，不但要明確這是團隊的共同目標，還要明確這是一個不容忽視的目標，也就是說，一旦團隊的目標因為某個人而受到威脅，那麼他必然要受到一定的懲罰。個人應當服從團隊，除非他不是這個團隊的成員。

誠然，最好的方法並不是強制成員對團隊目標奉行不渝，最好能夠讓團隊目標深入人心，讓他們發揮自覺性，主動維護和追求團隊的共同目標。

有承諾就一定實現

有些人喜歡空喊口號，但常常是無疾而終。這樣的承諾對團隊來說是毫無作用的，只能讓所有成員平添煩惱。因此，有效的團隊應當使團隊成員樹立「兌現承諾」的價值觀。要麼不輕易承諾，只要承諾了就一定要兌現，就算有天大的困難也要努力做到。

這裡的承諾是雙向的，個人要兌現對團隊的承諾，而團隊也要兌現對個人的承諾。要保證團隊利益的同時，也要保證團隊成員工作的積極性。

不斷更新充電

不管是什麼樣的高效團隊，不管團隊成員是否都有十八般武器，只要這個團隊不及時更新，都會最終被時代淘汰。想要打硬仗，除了戰術，還要武器過人。一支能征善戰的隊伍也要不斷地操練，使用新兵法，更新武器，才能夠保持旺盛的戰鬥力。

而一個團隊也同樣如此，團隊的制度、理念需要不斷更新，團隊成員的技能、專業知識也要跟上社會變化的步伐。在先天優秀的基礎上，也要後天不斷的更新充電，才能使團隊永遠立於不敗之地。

培養默契與信任

團隊成員的工作並不是相互獨立的，大部分的工作都需要成員之間相互配合、相互協作才能夠有效率的完成。因此，團隊成員之間的默契和信任就變得十分重要。

對於任何一個工作，如果不參與其中，就沒有跟其他成員接觸的機會，因此，作為團隊的領導者就應當積極的鼓勵每個成員參與到團隊工作中，多與其他人接觸。團隊之間相互交往，分享工作經驗和資訊，只有透過不斷的資訊傳遞，才能夠使彼此之間培養出默契，從而也使信任加強。

鼓舞士氣

當雙方對壘交戰時，如果人數、實力相當，士氣就成為能否獲勝的關鍵。團隊是一個集體，而集體中每個人的精神狀態都會或多或少的影響周圍的人。當一個人總是以樂觀積極的態度面對任何事，他周圍的人也會感受到這樣向上的氣氛而變得活躍起來。

相反，如果一個人總是死氣沉沉、無精打采的樣子，凡事總是往壞處想，他身邊的人也會覺得萎靡不振，打不起精神。因此，鼓舞團隊的士氣，能夠使那些原本沒信心的人鼓起勇氣，那些原本就精神十足的人更加有信心。對團隊的發展有著不可逆轉的正面作用。

04.

制度的改善是團隊提升的基礎

對於一個團隊，每個成員就是零組件，
而團隊的制度就是組合的規則和順序。

優秀團隊的組成基本上是一群為了共同目標而聚在一起的人，他們所要形成的是一個互相協調的整體。機器的每個零件組合在一起，都是要按照一定的規則、順序的組合才能正常使用。對於一個團隊，每個成員就是零組件，而團隊的制度就是組合的規則和順序。

制度是一切戰略目標和戰略手段的實現形式。制度的作用是將長期的戰略意圖形成穩定的行為規範。創業階段，制度設計的原則是靈活性，這是因為組織的戰略目標是戰勝對手，實現成功創業；而在守成階段，制度設計的原則就是穩定和秩序，這是因為組織的戰略目標已經變為穩定自己的統治。

制度對團隊的作用，從家族式的發展就可以看出。家族式企業剛開始多半是小規模經營，而經營團隊無外乎是兄弟、親友，由於親人之間本身就具備了一定的默契，所以並沒有制定詳細的制度規範。當經營規模不大的時候，制度的作用並不明顯，一旦遇到問題，親人之間可以和和氣氣的商量，並且似乎錢財沒有外流，就沒什麼利益紛爭。

然而，當這些家族式企業發展壯大以後，不可避免的引進家族之外的人才，在這種情況下，如果沒能及時建立一個合理的團隊制度，就會使企業陷入尷尬的境地：做事沒有既定的行為規範，外來的人才會認為凡事都以家族內部的人為主，不論對錯，這樣便會讓外來人才產生失落感，對團隊缺乏信任。導致的結果就是：外來人員流失，或者仍然留在團隊內但卻不會盡心工作。而很多家族式企業在規模擴大後反而不能繼續生存，都是因為制度缺乏的原因。

在安哥拉有一個讓人覺得不可思議的制度：禁止向外輸

出本國（安哥拉）貨幣。這因為這項制度的存在，每個離開安哥拉的男女旅客必須在離開前接受搜身。除此以外，員警也可以公然「搶劫」：他們在機場可以隨意搜查旅客的皮夾、腰包和口袋，一旦發現安哥拉貨幣，就會將貨幣全數收走。員警這種明目張膽的行為在安哥拉就是合理的工作職責，因為他們要確保本國貨幣不外流。

相信很少會有人願意到這樣的國家旅遊，這種「明搶」的行為讓人感覺到了原始社會，而罪魁禍首就是那一條「制度」。

制度對於組織存在和發展的重要性，不言而喻。由於社會環境的變化，時代的發展，以及行業的升級等原因，組織創建之初的制度建構可能並不都適合新的環境和歷史發展規律，但是，之後的改革還是在這個基礎上進行的。因此，制度也並不是一成不變的，建立一個合理的制度，與此同時，也要根據具體情況，結合環境變化，對制度更新修繕，唯有如此，才能使團隊保持持久旺盛的生命力。

實戰練習

團隊制度需要明確的權力關係

制度實際上是規範組織成員行為的規則；它提供一個框架，設定一套規則，約束成員行為。在一個團隊中，最重要的就是要規範三種權力關係：首先是團隊內部的權力關係，即上司與下屬；其次是團隊之間的權力關係；第三是考核與監察。

第一種權力關係

即上司與下屬的關係。在整個企業中，就是所謂的董事會、股東與總經理、經理層的關係，是東家與掌櫃的關係。如何建構一種既融洽又規範的上下級關係，是重中之重。

第二種權力關係

即團隊之間的關係。在一個企業中，就是所謂的總公司與區域分公司之間的關係。能否提供一個有效的管理和控制分公司的框架，直接決定了總公司能否維持穩定和統一。地方勢力太大，會產生分公司對總公司的離心力，嚴重的則會導致總公司的瓦解。而如果分公司的權力過小，則會失去動力和活力。因為分公司是總公司利潤的主要來源，分公司的衰弱，必然導致總公司的萎縮。

第三種權力關係

則是組織與員工的關係。這種關係，既是組織如何引進、使用、監督員工的人才管理問題，又是組織依靠制度建設推動集團穩定成長的核心組成部分。我們知道，隨著組織結構的複雜化程度不斷加深，員工的行為越不容易被引導、監督。

客戶不能沒有你

對於公司來說，客戶是不得不面對的重要對象，可以毫不誇張地說，客戶是公司維持和發展的重要源泉。因此，如果你掌握了客戶，具備讓客戶忠實於你的能力，那你還有什麼理由不成為公司的重要人物呢？當客戶需要你的時候，公司就更加會非你莫屬。

01.

瞭解客戶的背景和愛好

善待客戶，就是善待自己的工作。

身為公司的資深員工，榮輝在公司初創時辛苦打拼，立下了汗馬功勞。當公司漸漸走入正軌，開始成熟起來的時候，榮輝卻沒有從前那麼拼命了。但他認為以自己的資歷即使業績不如別人，也不會在收入上有所差別。但令他萬萬沒有想到的是，他不但沒有如願以償的得到較高的薪水，反而收到了公司的解聘書。

這簡直讓榮輝抓狂。

「簡直是小人，這難道不是過河拆橋嗎？想當年我為了公司，老骨頭都快累散了，如今用不著我了，就想把我一腳踹開！……」收到解聘書的那一剎那，榮輝便開始在辦公室發瘋似的罵了起來。還「勸告」同事儘早走人算了，免得被人背後捅一刀。

毋庸置疑，榮輝的這一番言論令很多人都心有餘悸，除了被他當時的態度嚇倒，也或多或少的為自己擔心。

第二天員工一早上班的時候，就看到公司大門口的公示牌上寫了滿滿的一段話。公司的總裁這樣寫道：

親愛的同事們：

老實說，當榮輝接到公司解聘書的時候，我和他一樣難過。正如你們知道的那樣，榮輝曾經是一位非常優秀的員工，和公司一起戰勝困難。在公司剛剛成立的那段時間裡，他所做的一切甚至可以記錄到公司的備忘錄中。我們對他所做出的努力感到由衷的欽佩和感激。

然而，公司的業務蒸蒸日上，我們每個人都看到了公司的發展和進步，但是榮輝卻沒有跟公司走在一起。他總是把以前的「豐功偉績」拿出來當作籌碼。不僅常常遲到早退，還經常自作主張，完全不在乎上級和同事的意見。

儘管如此，我們都可以原諒，但他竟然在對待客戶時也擺出一副什麼都理所當然的態度。因為他的緣故，公司已經

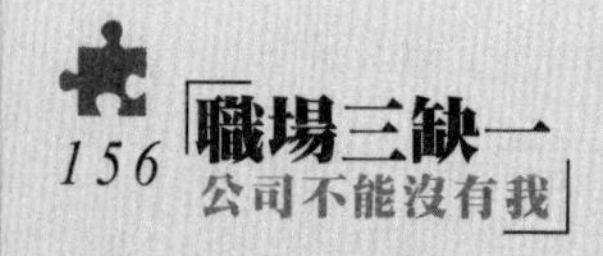

流失了幾個十分重要的客戶。這一切都對公司的發展十分不利，而他的所作所為也給公司造成了極壞的影響。對於他過去的事蹟我們從不敢忘記。但企業在發展，我們不希望因為一個人的「念舊」而阻礙了公司的前進，更不希望任何人做出對公司不利的事情。即使有再大的人情，公司的利益仍然是首位。這一點，也請各位同事銘記於心。

可見，榮輝並不是因為某個「過河拆橋」的人而丟了工作。而是因為他從來沒有意識到：不管自己的資歷有多老，經驗有多豐富，學識才華有多強。都不能缺乏服務意識，都不能將「倚老賣老」的精神延伸到客戶那裡。

因此，我們可以說，當你對客戶關懷備至，你就能贏得客戶，也會給自己的工作錦上添花；當你對客戶不予理會，甚至頻頻得罪的話，就很難保住自己的飯碗。

正因為客戶如此重要，就更應當絞盡腦汁，盡一切可能瞭解客戶的需要，讓他們對公司滿意。

客戶需要什麼？什麼才是最能令他們滿意的產品和服務？怎樣才能贏得客戶的滿意？即使客戶不詳細描述，你也能知道他最中意的東西。

洲際大酒店（Inter－Continental）有一個卡拉迪蒙俱樂部。這個俱樂部的會員登記簿十分特殊，與其他俱樂部之間的登記姓名、職業、電話等基本情況不同，這個俱樂部有著厚厚的會員資料，包括他們的家庭成員、興趣愛好以及工作性質。更為詳細的，他們還會紀錄每個家庭的消費情況，例如他們曾經消費過哪些食物，最喜歡的是那些，喜歡住什麼類型的客房，對衛生、服務生和環境是否有特殊的要求……

他們幾乎瞭解了一切可以瞭解的東西。因此當客人或者客人的一家人來到這個酒店渡假時，他們總能夠根據不同的客人提供適當的服務，而這種服務自然是參照了他們所登記的詳細資料得來的。

正因為俱樂部對每一個會員的需要做到了瞭若指掌，所以不用客人們自己詳細要求就能夠得到稱心如意的服務，這使得他們的會員不斷地增加，生意自然越來越好。

不用客戶提出要求，主動瞭解客戶的需要，盡一切可能方便客戶，這就是最能令人滿意的服務。

星華是某家連鎖百貨商店連續幾年的「優秀員工」得主，而他之所以能夠做到這樣「優秀」，其實祕訣很簡單也很困難。簡單的是並不需要額外的學習或者培訓，困難的是難以

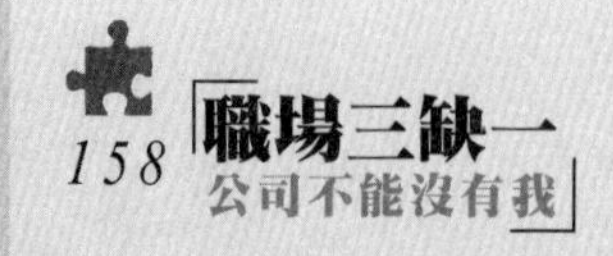

持之以恆。而這個祕訣就是「留住顧客」。

星華是怎樣留住顧客的呢？

他曾經遇到過這樣一位女士。當他見到這位女士的時候，發現她正帶著怒氣沖沖的表情向自己走過來，他知道情況不妙，但仍然用微笑面對。

女士十分生氣地抱怨，聲稱商店出售給她的是一件損壞的套裝。星華也很驚訝，當他把套裝拿在手中的時候，他立刻知道原因所在了。衣服的損壞與商店毫無關係，完全是因為這位女士自己處理不當所造成的。

這種情況下，星華完全有理由拒絕退換套裝。但是他並沒有這麼做，而是按照女士的要求退還了足額的貨款，並且在這個過程中，他始終保持著微笑。

這難道不是給商店造成損失了嗎？當然沒有，因為這位女士在之後幾年間，累計在這個商場就消費了50多萬美元。

退還因女士的處理錯誤而損壞的套裝，這表面上看來是件賠本的買賣，但這卻讓這位女士沒有因此而對商店產生反感情緒，所以，她會選擇在未來的日子裡繼續在這家商店購物。但是如果星華沒有選擇退貨，而是說明真相，甚至責怪那位女士自己粗心的話，即使真的是顧客自己的錯，相信她也不會願意再次光顧了。這對於商店來說就不是一件套裝的損失了。

善待客戶，就是善待自己的工作。儘管人人都知道「客戶就是上帝」的道理，但並不是所有的人都能堅持到底，這也就是星華總是能成為「優秀員工」的道理。

2.

永遠超過客戶的期望，讓他感動

超值服務是指那些在常規以外的服務。
詳細地說，就是除了做到規定的服務外，
還能夠自覺地將服務延伸。

又是一個漫長而無聊的飛行時間，國賢對這樣的長途飛行並不陌生，但為了打發時間，他還是按響了服務鈴。

一位笑容甜美的空姐應聲而來，「先生，請問您有什麼需要嗎？」

「有沒有今天的報紙？」國賢詢問道。

「十分抱歉，報紙已經全部發完了。」空姐回答道，看到國賢失望的表情，空姐提了一個不錯的建議「先生，如果哪位乘客看完的話，我再幫您拿來，您看這樣好嗎？」

「那真是太好了，非常感謝！」

雖然國賢也知道空姐很忙，也許過一會兒就會把這件事忘得乾乾淨淨，但是能聽到這樣的建議也算是不錯的安慰。於是國賢開始聽著音樂，發起呆來。

「先生，這是今天的報紙。另外這裡還有幾份其他報紙，不知道您會不會喜歡，我一起拿來了！」空姐輕聲地說。

國賢拿下耳機，看到空姐拿來的幾份報紙正是自己喜歡的類型。喜出望外的點了點頭。

人的需求是沒有止境的，相應的，對待客戶的服務也是永遠可以超出他們的期望的。人們在得到的超出自己期望的時候，總是會受到一絲感動，心情也會格外的好，這時候事情也比較容易辦成。

當空姐告訴國賢沒有報紙的時候，雖然讓他感覺有一些小小的失望，但這並不是空姐的錯，她們的服務並沒有問題。但是當空姐說可以在別人看完時主動給國賢拿來時，又讓他感覺有一點安慰。儘管如此，根據對實際情況的瞭解（空姐一般都很忙），國賢並沒有期望空姐能夠真的辦到。所以當空姐為國賢拿來報紙的時候，就超出了他的期望，不僅如此，還帶來了兩份其他的報紙，這更是讓他喜出望外。可以說，空姐的服務讓國賢這個顧客感到十分滿意。

所以，當你對客戶的服務超出10％，你可能會得到100％的回報。這就是「超值服務」的好處。

管理學家奧雷羅・彼德・傑爾林給超值服務下了定義，「超值服務是指那些在常規以外的服務。」詳細地說，就是除了做到規定的服務外，還能夠自覺地將服務延伸，比如說當你在炎熱的天氣運動後需要一杯冰水，而服務員遞給你的是一杯加鹽汽水，不僅補充水分，還能補充由於運動出汗而流失的鹽分，當然，如果你不喜歡喝加鹽汽水就另當別論了。

超值的服務讓顧客感受到的不只是良好的「工作表現」，更重要的是，能夠體會到你對他的關懷，這種關懷並不是因你們的「服務」關係而產生的。當客戶感受到這種關懷，你們之間就能夠建立一種融洽的關係，有了這樣的基礎，什麼生意都更容易談成。

世界上許多知名的企業都十分熱衷於超值服務。

IBM公司始終堅信，公司銷售的不僅是產品，還有服務。在IBM公司，有一整套完整有效的通訊服務系統，這套系統最主要的目的就是保證對於顧客提出的一切問題都能夠在最短的時間內解決。

然而這樣一套系統也並不總是萬無一失的。一次，一家美國公司在使用IBM的產品時發生故障，為了及時排除故障，保證客戶的使用方便，IBM公司在短短的幾個小時內就派來了8位專家。其中有一半竟然都是從歐洲趕來的。突然出現的故障並沒有影響這家公司使用IBM機器的信心，更加重要的是，由於IBM公司周到細緻的服務，這家公司還決定與IBM簽訂長達8年的供貨合約。

不要以為知名的企業對客戶服務就疏忽大意。事實上，他們恰恰最為重視對客戶的服務。在IBM的所有員工，尤其是銷售部門的員工，必須在工作的同時投入責任和熱情，積極主動地為客戶服務。他們在銷售產品之前和銷售之後都要經常跟客戶保持聯繫，並且保證客戶隨時都能找到他們。當客戶的產品出現狀況時，他們被要求以最快的速度，在最短的時間內為客戶提供令人滿意的服務。提供滿意的服務，這是IBM的一項宗旨，因為這項宗旨，使他們贏得了忠誠、可靠的「顧客群」。

類似的還有麥當勞公司。作為世界上最大的速食集團，絕佳的服務是他們成功的關鍵。

麥當勞的主要產品是漢堡，儘管市場上經營漢堡的商家不少，但大多數的品牌所提供的不過是品質差、速度慢的產品。更加糟糕的是，服務態度差、衛生條件的惡劣讓人們對速食食品提不起什麼興趣。然而麥當勞的優質服務卻讓速食的形象從此大為改觀。

麥當勞擁有明確的企業理念，他們就是要向顧客提供最為優質的產品和服務。在產品上他們嚴格要求品質和提供速度，服務上友善的態度令人感到用餐的輕鬆，再加上優雅乾淨的用餐環境，讓每一位到麥當勞的顧客都感到物有所值。更為可貴的是，他們的服務始終如一，儘量做到盡善盡美。

甚至在他們的標準規範手冊中，對衛生的規定要求到了十分細節：每天要擦玻璃；每天用水沖洗停車場；每日清洗垃圾桶；店裡所有的不銹鋼器材都要求每隔一天清洗一次；每個星期打掃天花板……這樣嚴格的要求正是對客戶負責的最真誠和具體的表現。

03.

贏得一個客戶，讓他帶來更多的客戶

再次光臨的顧客，可為公司帶來25％～85％的利潤，而吸引他們再來的因素中，首先是服務品質的好壞，其次是產品本身，最後才是價格。

道文是一個個性純樸、做事極為認真的人。現在他擁有一家自己的理髮店，店面很小，位於街道轉角，但是生意興隆。然而三年前道文不過是另一家理髮店的學徒，除了學習頭髮修剪之外，主要的工作就是幫客人洗頭髮，遞毛巾，在美髮師工作完之後收拾環境。道文在這一過程中熱情接待了每一個來理髮的客人，儘量做到最好。而且在業餘時間，他認真學習美髮技術，逐漸掌握了剪髮的基本技能並自己鑽研了許多美髮的技巧。隨後他婉言謝絕了老闆的加薪挽留，決定自立門戶，擁有一間自己的理髮店。

道文清楚地知道這是一條全新的人生道路，充滿著艱辛，但這也是他一心嚮往的人生道路。儘管妻子支持他的決定，但還是為他擔心：「道文，你想好了嗎？你覺得自己能夠堅持下來嗎？」道文猶豫片刻，回答道：「儘管我也沒有十足的把握，但是我覺得憑藉我的技術和熱情的服務，會取得顧客的信任的，他們會支持我的。」

事實證明，道文沒有說錯。他憑藉出色的美髮技術和熱情周到的服務吸引到了一批新顧客。這些顧客裡面不乏一些成功人士，很難想像這樣一家小理髮店會成為這些人光顧的地方。但是現在不同了，因為道文出色的剪髮功夫，這間街邊小理髮店成了許多人理髮的必選之地。不但如此，這些顧客還極力地向他們的家人和朋友推薦這家小店，讚不絕口。

隨著生意越來越好，道文開始招收學徒。在每次傳授美髮技藝的時候，他總是先說這樣一句話：「記住，我們要對剪下去的每一刀負責，為客人的頭髮負責。」而這句話正是在學習和經營過程中深深體會到的成功訣竅。

正因為這樣的一句話和道文認真地生活態度，使他對待工作的態度也是認真的近乎偏執。有一次，一個經常光顧的大老闆來店裡理髮，道文在問清楚對方這次所要修剪的髮型之後，告訴他需要四十分鐘的時間，這位客人毫無異議的坐下了。半個小時之後，這位客人接聽了一個電話，說完之後就提出先不理髮了，要回去處理事情。但是道文堅持要他把頭髮剪完再走，並且提出這樣沒有剪完就走不但砸了自己店面的招牌，也會影響到這位客人的形象。客人很著急，但是道文就是不放客人出門，直至客人答應將頭髮剪完。

第二天，那位客人又來了，旁邊還多了一個人。道文以為客人是來追究昨天發生的事情的，忐忑不安。誰知道這位客人進來之後握著道文的手激動地說到：昨天因為趕著去談生意，所以由於你的強留，我十分生氣，發誓再也不來你家光顧了。由於遲到生意差點沒有談成，在我向客戶解釋中提到了在理髮店發生的事，客戶不但原諒了我的遲到，並對你的工作態度十分讚賞，提出要我帶他來見識一下你的小理髮店。道文懸著的心終於放了下來，熱情地向他們介紹了起來。

道文對工作認真負責的態度是他成功的關鍵，為他和他的理髮店贏得了極好的口碑。道文是個極為普通的人，性格

內向，既沒有良好的口才，也沒有超凡的智慧，但是他獲得了成功。性格不能決定你的成功，更不能決定你的命運。讓品格來說話吧，特別是帶有責任心的品格，這是一種大家都知道、卻是極少數人能夠把它發揮到極致境界的稀有資源。品格就是決定成功的基石。

美國哈佛商業雜誌發表一項研究報告指出：再次光臨的顧客，可為公司帶來25％～85％的利潤，而吸引他們再來的因素中，首先是服務品質的好壞，其次是產品本身，最後才是價格。可見，服務對贏得客戶是至關重要的。而贏得了一個客戶，就會透過這個客戶的好評為你帶來更多的客戶，這就是所謂的「口碑效應」。

口碑效應就是「一傳十，十傳百」的傳播效應，當一個人用了某件產品，並且感覺很滿意的時候，就會推薦給家人或朋友。一般情況下，人們更加傾向於相信朋友和家人的推薦，一方面基於對於推薦人的信任，另一方面家人和朋友的推薦都是在用過這種產品並且感覺滿意的基礎上的。

所以，當你能夠贏得一個客戶的時候，也就意味著你有機會在不用自己努力的情況下贏得更多的客戶。正因為如此，對於一個客戶下再多的功夫也是值得的。

實戰練習

贏得口碑的五種手段

一、優質服務

現在很多的產業都是以提供服務為主的行業，對於這些企業來說，提供優質的服務也是必須的，這就像生產產品的企業需要保證產品的品質一樣。對於其他的企業，提供優質的服務同樣重要。

當你提供周到而細緻的服務時，客戶能夠感受到的不僅僅是你的產品和服務，更多的是一種關懷，而服務好的企業更能夠贏得客戶的青睞。

最為關鍵的是，優質的服務是贏得「口碑」的關鍵。服務常常是客戶之間能夠引起共鳴的話題。因此，公司不但要為客戶提供周到的服務，以贏得客戶的認可和喜愛，還應當主動提供增值服務，以及跟其他同類公司不同的差異化服務，以此征服消費者。

二、情感共鳴

一項產品並不只有物質層面的意義，很多還包含著精神層面的內容。比如在產品設計上充分考慮客戶的需求，注重其附加價值，以此滿足客戶在精神上的需要。如果能夠做到這一點，就能夠跟客戶建立一種情感上的共鳴，為建立「口碑」打下堅實的基礎。

三、公益活動和特殊事件

公益活動和特殊事件是製造口碑的良好時機，通常在這種情況下，人們會對出現的企業抱有很高的關注度，再加上媒體的傳播作用，一旦企業在這是建立了良好的形象，就能夠輕而易舉地贏得「口碑」

第8課 態度決定一切

你是否積極面對一切工作以及工作中的難題？你是否積極思考嘗試各種方法以尋求捷徑？你是否能夠認真地對待工作而不將任何兒女私情、雜亂情緒帶到公司？你想成就什麼樣的公司地位，決定權就在你的「態度」中！

01.

加班是一種工作態度

工作就意味著責任，
不管是正常的工作時間，還是加班時間。

「加班」大概是上班族最不喜歡聽到的詞語之一。辛苦工作了一天，誰都想要早早的回到家中休息。大部分的人都把「加班」看作是一種負擔，很少人能夠認為這是自己應盡的一份責任。

然而正是那些少數把加班看作是自己工作的一部分，看作是一種責任的人，擁有了縱橫職場的最好武器。事實上，世界上那些成功的企業家、CEO，或者其他成功人士雖然性格迥異，擁有不同的專業能力，但他們卻擁有很多成功者必備的相同的特質，而強烈的責任感就是其中之一。

你可以把「加班」理解為老闆剝奪的一種手段，也可以把它理解為一種工作上的責任。那些世界上的成功人士們都把「堅守崗位」、「完成任務」放在心上。也正因為他們對崗位的盡職盡責，一絲不苟的恪守本質，才能夠成就自己的事業。

小孩子們總喜歡玩模仿大人的遊戲，女孩子喜歡玩扮家家酒，男孩子則喜歡「舞刀弄槍」。

一天下午，一群男孩不約而同地來到附近的公園，準備玩他們喜歡的軍事遊戲。遊戲的規則很簡單：他們共同模擬一次軍事活動，在活動中，自然要有長官和士兵的角色。每個男孩都有一種英雄情結，更何況誰不希望成為威武的將軍呢？

公平起見，大家決定採取抽籤的方式來決定誰來做將軍，誰做普通的士兵。

抽籤過後，一個男孩臉上露出了不悅的表情，原來他抽到了一個「士兵」的籤，所以他不得不在接下來的時間裡聽從所有長官們的命令了。

「現在我命令你」一個男孩指高氣昂的對「士兵」男孩說，「去那邊的堡壘站崗，一定要堅守崗位，沒有我的命令不准離開。」

「是！將軍」士兵男孩用並不標準的姿勢敬了個禮，快

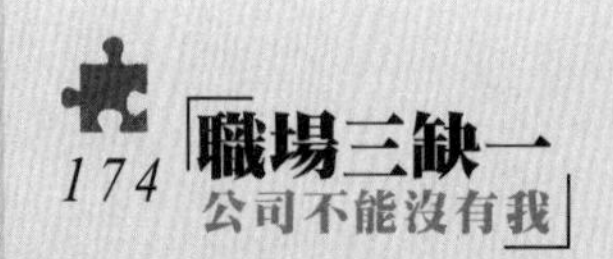

速、清脆的答道。然後就小步跑到所謂的堡壘旁邊（事實上，那不過是公園的垃圾房），立正，開始了站崗的任務。

時間過得很快，士兵男孩還在認真地站崗，儘管他已經覺得有些疲累，因為他的腿有些痠了，背也因為挺得過直有些痛痛的。最讓他擔心的是，眼看著天色漸漸黑了，卻還沒有任何「長官」來幫他解除命令，因為之前的「將軍」說得很清楚，沒有命令，他是不能離開的。

士兵男孩不知道現在幾點，更不知道其他的同伴在那裡，但他唯一確定的是，沒有「長官」的命令，他哪裡都不能去。

一分一秒過去了，儘管小男孩也有些擔心，但還是執著的站在「堡壘」旁邊，不時地邁著正步走來走去，以活動活動身體。

一個路人經過，看到小男孩認真的樣子很好笑，於是走過去詢問：「你站在這裡幹什麼呢？你是不是已經站在這裡很久了？我剛才進來公園的時候就看到你了。」

「我在站崗！」士兵男孩一本正經地說道。

「站崗？」路人開心地笑起來，「你們是在玩遊戲吧？可是你的同伴都已經回家了，你還不走嗎？」

聽到路人的話，士兵男孩有些吃驚「都回家了？可是我在站崗，沒有長官的命令，我是不能離開的。這是紀律！」

路人看到男孩嚴肅的樣子更加覺得好玩了，「快回家吧，這只是遊戲而已。你的同伴都已經走了。」

士兵男孩還是固執的一動不動，「不，我是一名士兵，我要遵守長官的命令。」

「但是能夠命令你的長官們都已經回家了，難道你要在這裡站上一夜嗎？」

聽到路人的話，士兵男孩也有些害怕了，「可是，這時軍事演習，我的任務就是在堡壘這兒站崗，要是我沒完成任務的話，以後他們就不會再讓我參加了。」士兵男孩猶豫了一下，「我也想知道他們在哪裡，但是我現在不能離開這裡，你能不能幫我找到他們，來幫我解除命令？」士兵男孩向路人求助。

「好吧！」路人為男孩的執著所打動，但沒過多久，路人就帶回了一個壞消息。公園裡除了他沒有別的小孩子，而且再過幾分鐘公園就要關門了。

路人以為男孩會就此甘休，但男孩雖然十分著急，卻沒有就此離開的意思。

男孩的運氣不差，就在他焦急萬分的時候，一位真正的軍官經過。當他瞭解具體情況，亮出了自己的軍裝和軍銜，這讓男孩興奮不已。

接著，軍官又以上校的身份向男孩傳達命令。命他結束任務，離開崗位。軍官被男孩的行為打動，他斷言這男孩將來一定會成為一名出色的軍人，因為即使是一個小孩子，他的責任感也會讓很多成年人感到羞愧。

軍官的話沒錯，這個「士兵」男孩果然成為一名赫赫有名的將軍——布萊德雷將軍。

儘管天色已黑，對於在外玩耍的孩子來說，這就意味著應該回家吃晚飯了。而在沒有得到將軍解除任務的命令之前，男孩都不願離開自己的崗位，這對他來說，也算是一種「加班」。而支撐男孩行為的就是他「負責任」的態度。也正因為如此，他日後成為一名傑出的領袖。

如果你是一個公司老闆，把重要的工作交給怎樣的員工你會十分信任？一定是對工作認真負責，即使到了下班時間，或是老闆不在的場合，也能盡心盡力完成工作的人。

工作就意味著責任，不管是正常的工作時間，還是加班時間。如果你能夠修正態度，對工作認真負責，才能夠成為公司中的精英，職場上的強者。

02.

肯做還要動頭腦

勤奮的工作不是壞事，

但用頭腦在工作的員工更受歡迎。

某知名公司要招聘一名女職員，這對很多人來說吸引力十足。於是幾天之內，應聘者的資料就堆成了小山。經過幾輪面試，三位女士幸運的進入了最後一輪面試，她們分別是愛咪、小美和薇芳。三個人無論從學歷、外貌都不相上下，在這種情況下，每個人都不得不盡心竭力地做準備，力爭使自己成為最終的勝利者。

接到通知書的第二天，三個人都準時來到公司，準備最後一輪的較量。人事部長親自給她們每人發放了一套工具，包括白色制服和黑色的公事包。也同時向她們公佈了面試的規則和要求。

「這一輪的面試很簡單也很困難，妳們可以看看手中的制服，每個人的制服上都有一塊黑色的污點。而對妳們的要求就是穿著這套制服，帶上發給妳們的公事包去經理那裡面試。但是我不得不提醒妳們兩點：第一，經理是十分注重儀表的人，因此妳們必須穿戴整齊、乾淨。所以如何處理衣服上的污點就是妳們的考題之一；第二，經理是一個時間觀念極強的人，而妳們的面試時間是八點半，也就是十分鐘後。所以如果妳無法在此之前到達經理辦公室，就意味著這一輪的面試失敗了。好了，現在考試開始了，祝妳們好運！」

隨著人事部長的說明解釋，三位女士的臉上也漸漸露出了難色，人事部長的話一說完，她們就立刻行動起來。

愛咪想都沒想就直接用手帕擦試那個污點，結果越弄越大，原本小小的污點被她弄得慘不忍睹。看到這種狀況，她更加緊張起來，怎樣搓都於事無補，於是她抱著一線希望來到人事部長那裡，希望能夠換一套。但人事部長卻「絕情」的回絕了她的要求：「這是不允許的，而且冒昧地說一句，我認為妳也沒有必要再去經理那裡面試了！」愛咪愣了一下，才知道自己已經被取消了面試資格，失望的離開了公司。

在愛咪遭遇尷尬的同時，小美已經第一時間飛奔到洗手間，開始用最最傳統的方式洗去污點，她十分用力，以至於沒有用任何洗滌產品也將污點去除了。她很高興，但是另外一件麻煩事又來了，洗污點的同時，衣服被弄濕了一大塊，看看時間也所剩不多了，小美趕快到烘乾機那裡，一邊烘一邊用人工吹乾。但是時間不多了，等不到衣服完全乾爽，小美就必須馬上趕到經理室。

在經理室門前，小美遇到了已經面試出來的薇芳，她很自然的向薇芳的胸前看了一眼，那個污點還一動不動的在原處，小美頓時鬆了一口氣，儘管自己衣服的那塊汙跡並沒有完全消除，但離得遠些根本看不出來，而且經過這一路的狂奔，衣服也沒有那麼濕了。就算自己的沒有那麼十全十美，但跟薇芳的比起來可要好上一百倍。

小美輕鬆的敲門進屋，大方得體的向經理打招呼。經理在回應了之後，眼神便瞄向了小美衣服上清洗過的部位，仔細地看了看之後，經理開口問道：「如果我沒有看錯，妳的制服上好像有一塊汙跡？」。

這麼細微的汙跡也能看得出來，小美不知道該佩服還是埋怨，她點了點頭。

「是因為清洗污點造成的嗎？」經理又問道。

小美又點了點頭，但仍然沒有很緊張，不管怎樣，她都不會比薇芳的狀況差。

但是經理的話出乎她的意料：「很抱歉，在這一輪的面試中，薇芳獲勝了，公司決定錄取薇芳。」

小美先是愣了一下，很明顯她對這樣的結果感到十分意外。她決定問清楚原因「經理先生，我希望您能給我一個理由，據我所知，薇芳衣服上的污點清晰可見，而我的只不過有些模糊的污漬，如果不仔細看根本看不出來。而您是一位喜歡乾淨的人，怎麼會做出這樣的結論？」

經理對小美的發問並不意外，而他好像也早已準備好了答案：「妳說得沒錯，但事實是，整個面試的過程中，薇芳並沒有讓我看到她制服上的污點，從她走進辦公室的那一刻開始，黑色的公事包就一直自然的放在污點的位置。」

小美也覺得薇芳的做法很省力，但仍然不滿意最後的結果。「即便是這樣，她不過是耍了個小聰明，至少我們也應該打了個平手啊？」

經理並沒有被小美的說法干擾，而是直截了當的告訴她自己的想法，「妳們並不能打成平手，妳雖然解決了問題，但卻是在手忙腳亂中完成的，而妳也沒有充分利用我們提前準備的道具——公事包。而薇芳卻把事情做得有條有理、漂漂亮亮。可以說，她的思路更加清晰，她是在用腦工作。」

小美雖然還有些不能接受自己被淘汰的事實，但也不得不信服的點了點頭。經理說得沒錯，如果規定的時間不是十分鐘而是五分鐘，甚至更短，那自己就沒辦法完成任務，而薇芳的方法卻只需要一瞬間就能達成目的。她的確是用腦在工作。

可見，勤奮的工作不是壞事，但用頭腦在工作的員工更受歡迎。因為他們貢獻的不僅僅是體力，還有智慧，這將為企業創造更多的財富。

實戰練習

用腦工作的幾條思路

一、逆向思維

在解決問題時，不要總是一條死胡同走到底，如果在第一時間無法找到解決的方案，不妨嘗試從其他角度思考問題，有時候便能夠「柳暗花明又一村」。最簡單的例子就是大家皆知的「司馬光砸缸」的故事。很多時候，工作的創新就是源於對問題的不同角度的思考，要想別人所不願想、不敢想，才能發現別人發現不了的新大陸。

二、資料累積

有些人認為收集資料與創造性的工作毫無關係。其實不然，科學家之所以能夠發明創造出許多新鮮的東西，是建立在不斷做實驗的基礎上，有了一定了累積，才能夠必然的或偶然的發現新事物。任何工作也都是這樣，如果對於基礎的東西毫不知情，則根本無法發現發明新的工作方法。

三、熱愛工作

這一點看起來有些像上司們號召員工的空話，實際上並非如此，只有你真正的把工作當作一種樂趣，而不是一種負擔，才能夠主動用腦去思考其中的「奧祕」，不斷地尋找和發現。

積極主動才能嶄露頭角

比其他人付出的更多，

就理所當然的比他人收穫更多。

松貴和鴻飛都是一家農產品商店的店員，兩人幾乎同時來到這家商店工作，剛開始的工資也沒什麼差別。但過了沒多久，情況就開始變化了，而鴻飛很快發現了：松貴幾乎快要升為經理了，而鴻飛卻始終在原地踏步，沒得到任何提升。

這讓鴻飛的心理極為不平衡，他決定要找老闆評評理。

老闆並沒有直接打斷鴻飛的抱怨，而是聽他嘮嘮叨叨把情緒發洩完，然後決定用事實來表明自己的判斷。

「既然你覺得自己與松貴沒什麼分別，應該受到同樣的待遇，那麼首先先幫我做些事情。你現在就到市場上看一下，

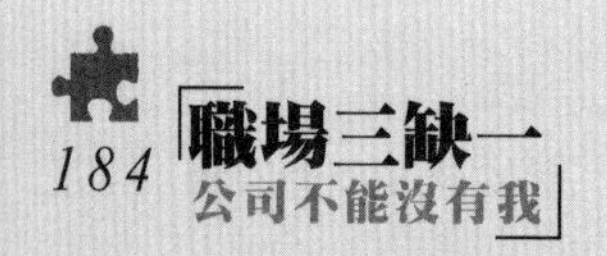

有賣什麼東西的？」

為了向老闆證明自己的勤快、能幹，鴻飛往返市場的速度幾乎快要破了世界紀錄，他向老闆彙報說，「今天早晨的市場上只有一個農民，他賣的是蕃薯。」

「價格是多少？」老闆又問道。

鴻飛又急匆匆地趕往市場，回來稟報道。

「農民的蕃薯有多少？」老闆再次問道。

於是鴻飛又不得不再次衝向市場。

第三次回來時，老闆沒有再給他什麼命令，而是請他在一旁看松貴是怎麼做的。

跟前面一樣，老闆首先要松貴去市場看看有什麼東西在賣。松貴也是很快就從市場回來，但是回報的內容卻豐富了許多：到現在為止，市場上只有一個農民在賣蕃薯，蕃薯的數量有多少，價格怎樣；蕃薯的品質如何，為了讓老闆瞭解到更加詳細的情況，他還帶回來一個讓老闆親自看看。

不僅如此，松貴還瞭解到，這個農民過一會兒還會運來幾箱蕃茄，價格也比較合理公道，因為前幾天他們鋪子的蕃茄賣得比較快，所以剩下的也不多了。松貴想到有這麼便宜的蕃茄，老闆一定會考慮是否要進一些，所以他乾脆把那個農民也帶來了，現在農民正在外面等待見老闆一面呢。

此時老闆看了看鴻飛，「現在你知道我為什麼會給松貴更高的薪水了吧。」然後就留下鴻飛一個人，去跟農民洽談蕃茄的生意去了。

對於工作的不同態度，會使人做出不同效果的工作，因此，如果你積極主動地投入到一項工作中，就能夠得到更為豐富的體驗和收穫。就像故事中的松貴，他所做的不僅僅是老闆要求的，而是進一步積極主動地思考，將工作完成得徹底乾淨。

如果說松貴的成功在於他對於職責所在的工作有一種積極主動的精神，那麼婉倩的成功就在於她對於職責之外的事業盡心盡力，力求做到盡善盡美。

婉倩是一個大使館的接線員，這份工作看起來並不起眼，在她的大學同學中，很多人都有了社會地位、收入都十分不錯的工作。所以，婉倩周圍的人一直認為她在做一份沒有希望出人頭地的工作。但婉倩卻不這樣認為，她盡心竭力地做好自己的本職工作，此外，她似乎還將這當成了一種業餘愛好，因為她不僅將使館內所有人的名字、電話背得滾瓜爛熟，甚至將他們的工作範圍和家屬的名字都記得十分清楚。

有時候，電話打進來，卻不知道應該接給誰時，她就會多問問，然後根據使館內工作人員的工作職責，儘量幫助找對人。就這樣，她越來越成為人們最信任的「資訊聯絡者」，很多使館人員在外出之前，甚至不會告訴他們的翻譯，而是將重要的事——例如會有誰來、哪些是公事、哪些又是私事——統統告訴婉倩。

出人意料的事發生了，就因為她在工作崗位上出色的表現，婉倩破例被調到某個大報社當翻譯。這簡直是個令人興奮不已的消息，但同時也帶來了一個難題。這個報社的首席記者是個名氣大、脾氣也大的老太太，當她聽到婉倩的條件時，就一口回絕。但無奈她的壞脾氣已經氣走了之前的幾個翻譯，所以只要勉為其難的讓婉倩試一試。結果，婉倩不但沒有被拒絕，反而在一年之後又破例升級到了外交部……

婉倩之所以能夠嶄露頭角，就在於她對於工作的積極主動。對於努力的人，總是會有很多意想不到的收穫。這是因為他們比其他人付出的更多，就理所當然的比他人收穫更多。

實戰練習

你是積極工作的人嗎？

閉上眼睛想像你的面前是一片森林，你認為這片森林會是什麼類型的呢？

A. 樹木茂盛，已經遮住太陽的黑漆漆的森林

B. 樹木聳立，但陽光充足的森林

C. 各種飛禽走獸頻繁活動的森林

D. 鳥語花香，小橋流水，清新自然的森林

●測試結果；

選擇A的人：

你對待工作的態度並不積極，你總喜歡保守地看待問題，思路也不開闊。似乎總有些事情無法使你稱心如意。所以你工作的態度也是過一天算一天的。

選擇B的人：

你的個性單純，所以也不會花過多的心思在工作上。你似乎不同意拼盡全力爭優秀工作成績的說法，你認為工作也是生活的一部分，不要搞得太過緊張兮兮，應當放鬆一些。

選擇C的人：

你或許是對繁忙的工作感到厭煩，所以希望從紛繁複雜的工作中脫離出來。在這種狀況下的你，更不會想要積極主動地在工作之中，恨不得早點脫身。

選擇D的人：

你是一個積極樂觀的人，這一點也表現在工作上，雖然對待任何事你都能夠輕鬆面對，但這並不以為你會對工作有所放鬆。

先處理心情；再處理事情

當人們擁有不同的工作心情，

也必然會出現不同的工作成果。

崇志是一家收銀機公司的銷售經理，最近他所在的公司正面臨著嚴峻的考驗：公司的財務方面出現了一些困難，然而這個消息竟然不脛而走，被負責推銷的業務員們知道了。他知道這是一個怎樣的尷尬狀況，公司的收入來源在於業務人員們的業績，而如果他們對公司失去信心，便會喪失工作的熱忱，使銷售量下降，這無疑是給公司的傷口上撒了一把鹽。

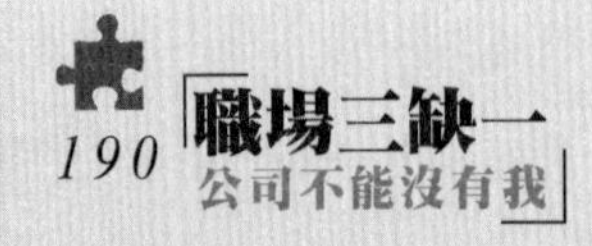

在崇志意料之中，銷售量出現了明顯的下降趨勢，而且情況越來越糟，這使得業務部門不得不召開緊急會議。這家在各地擁有很多分支機構的公司向所有地區的業務員下達了通知，要求全部出席這個會議。

崇志主持了此次會議。按照慣例，他首先點名幾位最佳的業務員，要他們說明銷售量下降的原因。

這些人開始一一敘述由於經濟不景氣、商品需求量不足、人們對於商品的預期等等理由而導致銷售量下降的過程。會議進行到第五個業務員開始敘述的時候，崇志實在聽不下去了，他舉手打斷正皺著眉頭敘述的業務員，然後要求大家肅靜，接下來的舉動令所有人不解。他竟然暫停會議，只為了讓旁邊的一個擦鞋工把自己的皮鞋擦亮。更加驚人的是，崇志打算站在桌子上來完成這件事。

會議室裡鴉雀無聲，大家都不知道崇志葫蘆裡賣的什麼藥，只能靜靜地看著眼前的這一幕：擦鞋工拿出自己的工具箱，絲毫不在意正在發生什麼，而是認真的擦鞋，他表現的不慌不忙，技術也十分嫻熟。皮鞋擦亮後，崇志付給擦鞋工應有的報酬。然後清了清嗓子，準備向大家解釋這一切。

「我希望在座的每個人，看看這位擦鞋的朋友，他擁有在這間工廠及辦公室擦鞋的特權。在諸位所說的經濟不景氣的狀況下，這位工友不但能夠衣食無憂，還能夠每月節省下一部分用於存款；而前一任跟他擁有同樣特權的擦鞋工，卻無法從我們公司得到正常的生活費用。他們的工作環境相同、工作對象也完全相同，但為什麼收入卻有著如此的天壤之別呢？」

「現在我想請大家思考一個問題，這位擦鞋工的前任之所以無法拉到更多的生意，是誰的錯？他的錯還是顧客的錯？」

業務員們毫不猶豫的大聲說：「當然是他自己的錯，跟顧客有什麼關係。」

「那麼我想問」，崇志又發話了，「在同樣的地區、同樣的對象以及同樣的商業條件下，你們的業績與前一年卻完全不同，這是誰的錯？」

大家你看看我，我看看你，然後又不得不低聲地回答道「是我們的錯！」

看到大家「悔悟」的表情，崇志知道這次會議的目的達成了。於是便發表了慷慨激昂的鼓勵之詞「我知道你們聽信了關於公司財物的流言蜚語，這影響了你們對於工作的態度，你們的心裡有些不踏實了。所以你們的業績也受到了影響。但只要你們回到各自的銷售區域，並且保證在一個月之內每人賣出5台收銀機，公司便不會有什麼財務危機的可能。你們願意這樣做，願意和公司一起渡過難關嗎？」

「願意！」會議室裡傳來整齊響亮的聲音。

在崇志的啟發和鼓勵下，產品的銷售量很快回到了正常的水準，而所謂的公司的財務危機也不復存在了。

當人們擁有不同的工作心情，也必然會出現不同的工作成果。

一位心理學家曾經做過一個試驗：他來到一個建築工地，對現場忙碌的工人進行訪問。問題是「你在做什麼？」

第一位工人沒好氣地回答道：「你難道沒看到嗎？我正在費力的搬這些石頭，這些該死的石頭，常常會弄傷我的手。」

第二位工人眉頭緊皺，用無奈的語氣說道：「我正在一毛一毛的賺錢，要不是為了一家老小的衣食住行，誰願意到這來受這份罪。」

第三位工人面帶笑容，輕快地說：「我想我正在參與一個華麗建築的興建過程。當這個建築最終落成的時候，我也可以指著它對我的朋友們說，這其中也有我的一份貢獻。」

在同樣的環境下，對於同樣的工作，不同的人卻有著不同的感受，這源於他們對工作的不同心情。

第一個工人，帶著對工作無比的恨，也許在不久的將來，他就會因為對工作的厭煩而拋棄這份工作。但又有什麼工作能讓他放棄煩躁呢？

第二個工人是沒有榮譽感的人，他工作的目的是「不得不」，若不是為了生存的需要，他決不會工作，因此，他工作的態度決不會使其成為老闆的左右手。

第三個工人對工作有著極大的熱情，他認為工作帶給他無比的樂趣和成就，正因如此，他也會帶著熱情努力的工作。這種人才是老闆們競相爭取的優秀員工。

第9課 危機才是最好的機會

對於企業來說是危機，而一旦你能夠處理這樣的問題，對你來說這就是一個擺脫平庸的契機。可以說，對於有準備的人來說，危機才是最好的機會。

01.

警惕！危機四伏！

不是等著危機找上門，
而是自己主動發現危機的源頭在那裡。

人的一生總會面臨各種各樣的危機，即使你會幸運的躲過「地震」、「海嘯」之類的自然災害；也不曾遭遇「911」之類的恐怖襲擊，但也無法避免受到「經濟危機」的影響。

然而很多人缺乏危機意識，如果不是危機找上門來，他們肯定還不知道自己已經面臨多嚴峻的局面。

古人說「生於憂患，死於安樂」，說的就是危機意識的重要性。雖然職場中的危機並不像自然災害和恐怖襲擊那樣來得轟轟烈烈，但卻能在無聲無息中將人打垮，因此也不容忽視。

每個人每個企業都應當具有一定的危機意識，做事應當居安思危、未雨綢繆。在危機沒有暴露出任何痕跡的時候，就要想像危機發生時的各種情況，並找出各種解決辦法，只有這樣，當危機真正來臨時，才能夠從容應付。不是等著危機找上門，而是自己主動發現危機的源頭在那裡。只有掌握了主動權，才能夠避免嚴重後果的發生。

「遠在天邊」的事件

當美國發生金融危機的時候，很多人會認為這與自己無關，因為自己首先不吃金融圈裡的飯，也沒有投資任何金融產品，所以，這個危機根本對自己毫無影響。沒錯，很多行業看起來與金融一點關係都沒有，但不能忽視的是，行業之間沒有直接關係，也會有間接的聯繫。當金融危機的爆發牽動了世界經濟的萎靡時，還能說哪個行業與之無關嗎？所以，不要認為「遠在天邊」的事，不會成為自己的危機。要時刻注意事物的變化，任何導火線都可能牽連到自己身上。

熟練的危機

關羽「大意失荊州」，是因為他沒有能力擊退敵人嗎？當然不是，而是因為他的疏忽大意。很多危機的發生並不是因為多麼窘困的局面，而是因為對某些事物太過熟悉熟練，因而疏忽大意，而造成了危機。有句話說「最危險的地方就是最安全的地方」，也可以這麼說「最熟悉的事也是最容易帶來危機的事」。所以，再熟練的工作，也不能大意，否則失了荊州就追悔莫及了。

不在意的危機

很多危機即使「爆發」也不能引起人們的重視，因為它太渺小了，不值得人們耗費太大的精力。但任何小傷口如果不妥善的處理，都有可能演變成為無法醫救的大傷口。「諱疾忌醫」就是最好的例子。

健康危機

職業需要長期使用電腦，生活壓力增大，疏於鍛鍊，很多職場人士都不得不面臨健康亮紅燈的事實。即使還沒有明顯的症狀出現，也有很多人會有這樣那樣的小毛病。這樣積少成多會給身體造成巨大負擔。長期的機能失調、工作過量和不良的工作環境就會導致健康危機的爆發。

所以，千萬不要以為自己年輕而充滿活力的身體可以抵抗任何外來侵害，事實上，現在很多年輕人的身體甚至比年長的人更差。他們甚至不知道自己的身體已經走在岌岌可危的鋼絲上。所以，小心呵護自己的身體，避免健康危機是指常人不能忽視的一點。

實戰練習

警惕危機，你需要做好什麼準備？

現在的職場人士都懂得提早打造自己的職業生涯，有些甚至在離校開始工作之前就已經早早的為自己擬定了一份未來的職業生涯規劃。但計劃總是不如變化來得快，即使計劃再詳細再周密，也不都是萬無一失的，所以在職業生涯規劃之外，還應當給自己訂幾份備選規劃，就像汽車的備胎一樣。選擇備胎，有幾點可供參考：

一、全方位打造自己

即使你已經坐上了主管、總經理的寶座，也難免不會被更優秀的人所取代，所以，為自己的職業生涯擔憂是不分職位高低的。事實上，很多高層的管理人員更懂得未雨綢繆。也許他們只是一個人力資源部的經理，但他們已經開始著手企業管理或者生產管理方面的學習，這樣做無非是為自己的轉型做好萬全的準備，而這種轉型大多數情況並非出自他們的自願。

鍛鍊自己在其他領域的能力，當然這一般僅限於那些比較容易上手或者自學的領域，並不包括那些科學研究或者純技術性的工作，這樣全方位的打造自己，有益於在職場中生存得更久。它們或者能夠補充你在專長領域中的欠缺，或者能夠為你開闢一條全新的道路。所謂「技多不壓身」，多掌握一些能力對職業生涯只會百利而無一害。

二、人脈如同一座地下寶藏

無論從事什麼樣的工作，人脈都是不可缺少的。即使是乘坐載人太空船到達了月球上，也需要地球上工作人員對太空船的操縱、指揮以及配合。所以掌握好的人脈關係，就如同擁有一座地下寶藏。不管是重新選擇工作，還是在現在的工作上更進一步，甚至是想要保留住現有的工作，良好的人脈關係都能夠為你提供力所能及的資源。而且你會發現，當每個人都能夠對你做出力所能及的幫助時，這些幫助匯總起來就是一座巨大的寶藏，可以讓你享用不盡。

準備職場備胎並不是慫恿每個人不安分守己的工作，備胎和跳槽沒有必然聯繫，不是準備了備胎，就要換上來用用，而只不過是一份保險，當你無計可施時，備胎可以保證你能夠找到令自己滿意的工作。而如果你的事業正處在欣欣向榮的階段，那就大可不必考慮備胎的存在，只需要好好的累積，而並不需要把它們真正的派上用場。

02.

危機準備，平日裡的必備課程

機會總是留給有準備的人，

而危機最怕的也是有準備的人。

危機沒有大小，它會時時刻刻出現在人們身邊。失業對個人來說是最容易出現的職場危機。

雪莉總感覺很知足，因為在她的人生中，充滿了「順利」二字，不論是順利的升學過程，還是找到大公司的輕鬆經驗，都讓她覺得什麼事都是一帆風順的。正因為如此，雪莉覺得自己沒有什麼可擔心的，反正上天總是眷顧她。

但是雪莉錯了，上天只眷顧那些有準備的人。她之所以升學順利，是因為本身聰明又能夠循規蹈矩的認真學習，所以對付任何考試她幾乎都能信手拈來，升學自然沒什麼困難；她之所以能夠找到大公司工作，也是因為在學校期間，成績突出，並且有很多活動經驗。而這一切在雪莉看來卻成了上天的眷顧。

於是在工作之後，除了安安分分的做事之外，雪莉沒有再勉強自己學習其他的東西。可是經濟危機誰都躲避不了，雪莉這次並沒有得到上天的青睞，也被公司裁掉了，並不是她的工作能力不強，實在是有很多比她經驗豐富又多才多藝的人了。

丟了工作，雪莉突然間迷失了方向，從來沒想過自己會遇到這樣的打擊，本來應該著手去找新的工作，可是她卻固執在自己為什麼沒能留下來這個問題上。

可見，雪莉是一個毫無危機意識的人，她從來沒想過自己會有失業的危機，即使在失業以後也沒有馬上意識到未來收入的危機。

對危機絲毫沒有防備、準備，這樣的態度是十分危險的。安全的做法是，在危機沒有露出任何端倪的時候，就時時刻刻做好防禦，每天問自己幾個問題：

今天的任務是否完成？

正所謂「今日事今日畢」，今天的任務如果沒有完成，就會堆積到日後，而給未來增加負擔。今天的輕鬆就是日後的累贅。

今天是否發現了新問題？

發現問題就等於成功了一半，很多危機的突然爆發就是因為沒能及時發現問題。主動發現問題，解決問題就能夠避免很多危機。

機會總是留給有準備的人，而危機最怕的也是有準備的人。如果你每天都能向自己提問，永遠抱有危機意識，不斷學習和累積，就能夠輕而易舉的避開危機、戰勝危機。

實戰練習

應對危機的必備資本

一、能力資本

無論什麼工作，都離不開基本能力素質和職業素養。如：智慧水準、工作主動性、人際關係等。這是企業為了實現其戰略目標、獲得成功，而對員工所具備的職業素養、能力和知識的綜合要求。也是三要素考核的重要因素，它能表現出一個人的發展能力。

能力指一個人完成某項工作任務、從事某種活動所必備的本領，能力表現在所從事的各種活動和工作中，並在活動中得到發展。當一個人能順利完成某種活動或工作時，也就表現出了相關的能力。

二、專業技能

專業技術能力是指掌握一定的專業技術知識，並運用這些知識去解決領導實踐中遇到的專業技術難題的一種能力。如：財務管理中進行的財務分析、成本管理的能力；電腦系統管理中進行電腦維修的能力等。如何多尋找學習機會，抓緊時間為自己充電，以提高自身的能力素質，在激烈的競爭中立於不敗之地。

三、工作經驗

這是在工作中不斷摸索、總結、累積起來的，如何在工作中累積相關的經驗，熟悉自己所從事的業務流程的運作，能否以最快的速度投入到工作中去，並帶來新的思路和方法，也是職場人士需要不斷去做的課題。

03.

速度，永遠是解決危機的必要條件

任何危機事件都是在瞬間爆發的，
也許事前已經有所徵兆。

任何危機事件都是在瞬間爆發的，也許事前已經有所徵兆，但通常情況下，這些徵兆都是隱蔽的或不為人注意的，也就是說危機事件都具有突發性的特點。

而危機事件另一個可怕的性質就是具有迅速傳播性，它們通常會透過「一傳十、十傳百」的方式傳遍大街小巷，所以，如果不能在最短的時間內擺平危機，也就意味著它會被無限放大。

因此，當危機發生時，反應速度十分關鍵。這一點，在動物界中的蜥蜴可以成為一個榜樣。

在動物界中，蜥蜴很弱小，幾乎所有比牠大的動物都是牠的天敵，但是出人意料的是，「敵人」無數的牠卻成為地球上少數幾個存活最久的品種，蜥蜴在地球上已經生活了上萬年之久。而牠們創造如此奇蹟的法寶就是對環境的快速「適應」能力。

大家都知道，蜥蜴可以隨環境的變化任意改變自己的膚色。當牠們踏到黃色的土地上，就會立刻變成黃褐色；而當牠們想要到綠油油的草地上休息時，身體則會很自然的變成綠色。正是牠們對環境如此快速的反應和適應能力，使得牠們一次又一次的逃過了天敵的眼睛。

蜥蜴的生存哲學對企業來說尤為寶貴：企業所面臨的多變的經濟環境就好像蜥蜴生存的大自然；企業不得不面對的激烈的競爭就如同蜥蜴所要「對抗」的天敵一樣。當企業面臨危機時，也需要像蜥蜴那樣快速的反應能力，當企業能夠快速的找到自身的問題，及時地做出調整，便能夠輕鬆逃過「天敵」的眼睛，戰勝危機；相反，如果企業所面臨的環境改變了，卻仍然固執的保留原有「顏色」，就會輕易地被「天敵」發現從而招致「殺身之禍」。

從這個角度來說，危機中的食物鍊，不管企業處在哪一環，總會有天敵的存在。於是，危機就變成了就考驗人們的應變和適應能力一種方法，如果你能夠在第一時間找到解決的辦法和思路，那麼你就能夠輕鬆的戰勝危機，相反，如果在第一時間你所表現的只是手足無措，那就意味著你必然會被危機打倒。

實戰練習

十二星座危機處理指數

在危機面前，每個人的反應和處理方式都是不同的，來看看十二個星座是如何處理危機的。

白羊座

困難並不能打倒白羊，反而會激起他們的鬥志。即使遭遇到嚴重的危機，他們也不肯輕易認輸，更不會後退逃跑，而是欣然地接受挑戰，作好準備跟「危機」抗爭到底。

金牛座

金牛做事穩重妥當，喜歡安守本分，所以當突發事件來臨時，他們通常會覺得手足無措，並為此感到煩躁不堪。但是由於他們辦事牢靠，基礎扎實，因此，除了外界莫名的危機，他們自己是很難招來麻煩的。

雙子座

對危機有相當高的警覺性，通常情況下，能夠較早嗅到危機的來臨。即使面對突發的狀況，也能夠巧妙的擺脫對自己不利的狀況，儘快找到出路。

巨蟹座

巨蟹從來不喜歡做沒有把握的事，對於他們來說，「安全」比什麼都重要。所以危機會讓他們感受到強烈的不穩定，使他們因為承受巨大的壓力而變得有些愛抱怨。

獅子座

雖然獅子也喜歡穩定的狀態，喜歡將一切掌控在自己的手中。但仍不排除他們在危機狀況中的活力和應變能力。他們能夠在混亂的狀況中找到出口。

處女座

在團隊中，他們起著不可代替的重要作用。在危機中，他們也能夠透過專業的判斷來做出正確的決定，如果他們能夠保持鎮定，解決危機對他們來說不是什麼難事。

天秤座

他們重視人際關係，也更容易陷入人際危機的風波中。雖然事事力求公平，講究正義，但也常常無法改變不公平的現實，而這正是困擾他們的心理危機。

天蠍座

強悍的意志力使得在任何危機狀況下都無法摧毀他們戰勝危機的決心。往往就是他們的堅持，是他們總能在危機中找到轉捩點，進而走出困難。

射手座

樂觀積極的射手，在困難面前依然自信。他們從不迴避問題，相信自己的能力。這樣的執著使得他們能夠從容度過一個又一個的危機。

摩羯座

儘管常常扮演不起眼的角色，但在危機中卻能夠凸顯出來。他們能夠在流言滿天飛的情況下不為所動，在他們的努力下，危機總是可以安然渡過的。

水瓶座

水瓶是那種能夠在危機中神奇的找到轉機的一群人，他們的腦袋裡總是有層出不窮的創意。所以，在解決危機的同時，他們也能找到實踐自我的新途徑。

雙魚座

雙魚的想像力豐富，但卻找不到自己的問題，不喜歡面對現實。所以對於突如其來的危機，他們總是想要視而不見，等著危機自己過去。

你需要讓自己的團隊訓練有素

危機絕不是一個人或一個部門的危機。

處理危機是每個職場人士都會面臨到的重要課題，對於一個團隊來說就更為重要和艱巨。在正常的情況下，團隊成員如何互相包容和精誠合作就是一項值得研究的藝術，更何況在面臨危機的狀況下，每個人都有可能為了擺脫責任而各執一詞，甚至互相指責，在這種情況下，外界的危機還沒有解決，團隊本身就又面臨另外一個危機。

所以，當團隊出現危機時，要如何才能使整個團隊訓練有素的應對呢？

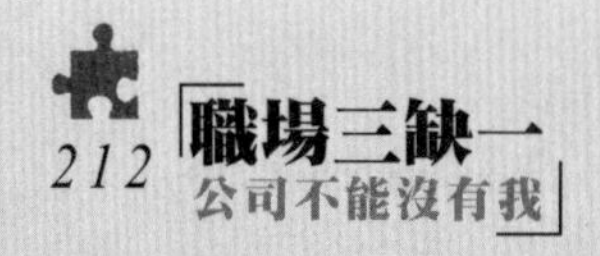

努力瞭解真相，但要冷靜

危機發生時最可怕的就是逃避，這會讓事態變得更加嚴重。當團隊的管理者逃避問題時，就更加會讓整個團隊陷入進退兩難的境地，因為團隊成員們的互相猜測，再加上對危機根源的一知半解，很快就會讓流言蜚語在團隊中蔓延開來。當團隊成員為求自保紛紛找理由脫身時，也難免會出現互相攻擊的情況，這時候團隊就會變得一團糟。

所以，在危機爆發的一瞬間，團隊最需要的是每個成員的冷靜，而作為團隊的管理者就更需要保持自己的清醒，以及努力幫助成員保持冷靜。

問題出在哪裡

追根究底，團隊的混亂是由於對危機事件的不瞭解造成的。所以當穩定了團隊成員的情緒後，接下來要做的就是查出問題的根源。也許現在你所面臨的危機只是一個假象，而真正的危機還未完全顯露，因此，瞭解問題的根源就顯得十分重要，否則，讓人措手不及的畫面有可能繼續出現。

例如當你的團隊失去一個重要客戶時，你也許會為團隊的收入減少而憂心忡忡，但與下面的幾種情況相比，這也許根本算不上什麼問題：

1、某個經驗豐富的成員從你的團隊跳槽，而正是他帶走了這個重要客戶。

可怕之處在於：接下來，他是否還會接二連三地帶走更多的客戶？

2、其他小客戶得知了你的團隊失去這個重要客戶的資訊，進而對你的團隊喪失信心。

可怕之處在於：失去客戶的連鎖反應，同樣的「口碑效應」，但卻是負面的影響。

3、也許是你們的產品品質或者服務造成的客戶流失。

可怕之處在於：你們將會因為同類問題喪失更多的客戶。

4、團隊成員「人往高處走」，你的團隊不得不雇用一些水準低、經驗少、資歷尚淺的員工。

可怕之處在於：「惡性循環」導致客戶數量變少。

誰來處理危機

危機的根源找到了，接下來就是怎樣處理危機。並不是所有人都是處理危機的最佳人選。要將這件事交給「專家」來做。例如客戶危機交給與客戶打交道最為密切的客戶服務部來處理；公眾信任危機交給公關部門處理……

這時候最重要的是判斷這個危機的性質，然後思考這樣的危機由誰來處理最合適。

可以讓團隊成員都來參與

危機絕不是一個人或一個部門的危機，企業爆發產品品質危機，這並不是說就與市場部門無關。雖然危機需要重要專家的參與和決斷，但有時是需要眾多的團隊成員共同努力才能夠解決的。

另外，當團隊成員盡可能地參與到解決危機的過程中，他們就會累積一定的經驗，親身經歷並領悟到危機的可怕，因而吸取教訓，避免類似事件的發生。

不要忘了「擴張效應」

危機中很多事情都被擴大了，這是因為人們的思維總是習慣性的「往壞處想」，所以作為團隊的管理者，應當盡可能的掩飾自己的憂慮，否則，團隊成員就會更加慌成一團。

當其他人都被嚇得慌不擇路時，團隊的管理者首先應當學會的就是控制情緒，在最短的時間內想出最合適最正確的解決方法，而不是助長焦躁不安的情緒，這等於火上澆油。

團隊技巧對於工作績效有著深遠的影響。優質的團隊成員深知，在團體中並不是每一次都能找到完美的解決方案。若要發揮團隊的整體力量，一旦做成決議後，每個人就該放棄個人的主觀想法並且遵守團體的共識。萬一仍有不同觀點，也應該在下一次團體討論中提出，試著說服大家，使之成為新的共識。

幫助其他成員完成工作。在工作進行當中，別忘了關心一下其他成員的工作狀況，如果有任何幫的上忙的地方，趕快主動地表示你願意出力相助，並且說到做到：「我剛好手上有這些資料，要不要我順便copy一份給你？」

因此作為一個管理者，應當努力營造一個和諧愉悅的團隊，只有當團隊的成員真正團結起來的時候，你的團隊才是一支訓練有素的隊伍。

實戰練習

增強團隊凝聚力的小遊戲

1、發一張紙給團隊每個成員

2、在不同的辦公桌上放上不同人的信封，信封上寫清楚團隊成員的姓名（一人一個信封）。

3、在每一把椅子上貼上椅子主人的名字。

4、讓每位團隊成員想出其他成員的優點，每個成員都要選擇自己認為其他成員最好的三個優點。

5、每一個成員用一張紙記錄下其他成員的三個最好優點，在這張紙的頂端寫上擁有這些優點的成員名字（這裡貼著人名的椅子就有用了——並不是每個人都記性好，能夠記住其他成員的名字）。

6、每一個人都匿名為其他成員列出優點。

7、在完成優點挖掘活動後，所有團隊成員把紙條交給我，我把不同的紙條按照人名分類，帶有同一人名的紙條放在寫著這一人名的信封裡（在把紙條放到信封裡之前要看看紙條上的內容，以確保這個方案的可行性）

8、封上信封，在結束優點挖掘遊戲後，把這些信封交給各個團隊成員。

這個遊戲的結果一定是如此：遊戲結束後，團隊成員迫不及待地打開自己的信封。而他們每個人都受到了一封充滿著團隊成員對自己的讚美之詞的信。

道路，永遠都有第二條

好事和壞事從來都不是絕對的，

危機中也常常蘊含著轉機。

正所謂「天無絕人之路」，每個面臨危機的個人或企業，並不是走到了絕路，能否擺脫危機，要看他們是否能夠找到另外的出路。

1910年，阿拉巴馬州遭受了嚴重的害蟲襲擊，象鼻蟲幾乎將整個洲的棉花田侵蝕乾淨。棉花田就在頃刻間毀掉了。

阿拉巴馬州是美國最主要的棉花產區，那裡的農民世世代代以種植棉花為生，可誰都沒料到會發生這樣的災害。當年農民的損失慘重。

但經過這一次的災害，農民開始意識到單單種植棉花一

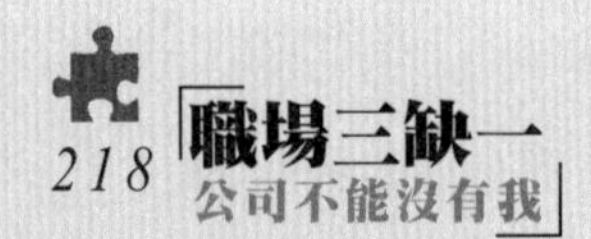

種作物是不行的，這樣要承受巨大的風險，一旦害蟲再次來襲，大家就又面臨沒有東西可以收成的窘境。於是，人們開始嘗試在棉花田裡種植其他農作物，而這種套種的方法也絲毫不會減少棉花的產量。玉米、大豆、菸葉等作物成為農民預想中的第二個收入來源。

儘管象鼻蟲仍然不會放棄侵襲這裡的棉田，但對農民來說，這已經不是致命的災害，因為他們至少還有其他農作物可以銷售。

出人意料的是，種植多種農作物竟然給農民帶來比單純種植棉花高四倍的收益。這不僅讓農民慢慢富裕起來，更是阿拉巴馬州走上了經濟繁榮的道路。

現在，阿拉巴馬州的農民說起當年那場象鼻蟲災害，絲毫沒有痛苦或怨恨的表情，他們認為，正是那場災難，使得他們開始種植更多種農作物，也正因如此，他們才能過上比從前更加富裕的日子。所以那場危機帶給他們比從前更好的致富道路。

好事和壞事從來都不是絕對的，危機中也常常蘊含著轉機。政達剛大學畢業那年，費盡波折才找到一家還算不錯的公司，正當他對現有生活滿意愜喜，開始憧憬未來的生活時，沒想到公司卻突然倒閉。政達不得不重新找工作，然而他還沒有累積多少經驗，再加上經濟不景氣，失業的人口增多，找工作的隊伍越變越長，競爭也越來越激烈。一時間他很難找到合適的工作。

雖然招聘會上總是人滿為患，眼看自己的積蓄越來越少，而工作卻一點眉目都沒有。政達的心情糟糕透頂了。他不得不放棄找一份好工作的願望，必須先找一份能夠維持生計的工作。

無奈之下，政達做起了臨時工，雖然這樣一份工作讓他覺得不好意思，但為了填飽肚子，也只好先做了。

一天，政達到一戶人家打掃環境，無意之間聽到這戶人家的主人給兒子輔導英語，但卻有很多錯誤，正當家長為自己並不標準的英語發愁時，英語程度不錯的政達挺身而出。

家長聽到政達標準而流利的英語，不禁為之一震，閒聊了一會兒才知道政達的情況。

「你可是個人才啊！做臨時工豈不可惜，明天就到我的公司來吧！我正缺人手！」這個家長的話讓政達喜出望外，自己總算看到了希望。

試想如果政達始終堅持找一份合適的工作，而拒絕做臨

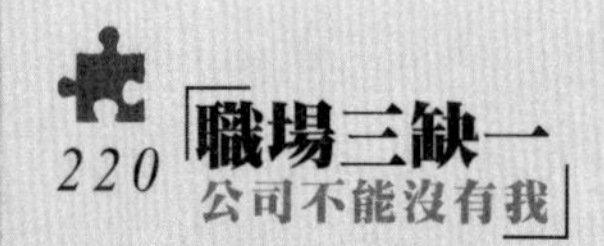

時工的話，也就不會遇到他後來的老闆。

在生活、工作中，誰能不遇到點兒挫折。遇到挫折，有些人或學會被打消了積極性，變得悲觀失望起來；有些人卻能夠不屈服，在惡劣的環境中激發巨大的潛能，從而找到擺脫危機的出路。

要相信「柳暗花明又一村」，不要輕易的被危機嚇倒，嘗試其他的角度、思路，或許你就能找到破除危機的第二條道路。

實戰練習

化解危機的其他思路

在面臨危機時，應當具備一種突破自我的精神，要勇於迎接危機的挑戰，即使註定要在失敗的困境中掙扎，也要抱著破釜沉舟的決心，想辦法，找出路。唯有如此，才能夠尋得出路。當然在這個過程中，也要具有創新意識，不能過分的循規蹈矩。要勇於開拓新思路，尋找新方法，才能更快更好的擺脫危機。以下是幾個可供參考的思路；

一、借助媒體的力量

很多企業在發生危機時，總會不惜一切代價躲避媒體，不想讓媒體知道或儘量拖延危機公諸於眾的時間。一條封鎖的再嚴密的消息也總有被透露出去的可能，而且還可能是被歪曲著事實透露出去的，結果會對企業造成更加嚴重的傷害。

而也有很多企業，在危機發生時，就會第一時間向媒體講明真相，主動請媒體跟蹤危機的調查和處理過程，一方面消除了流言蜚語造成的誤會，另一方面也等於做了免費的廣告。一舉兩得。

二、聯合對手共同化解

有時候危機並不是一家公司面臨的，當整個行業都有被威脅的可能，而自己的企業成了第一個受害者時，千萬不要天塌下來自己頂著，這時候就要放下同對手競爭時的恩恩怨怨，聯合起來共同化解危機。當然，要向對手講明，如果他們沒有出手相助的話，下一個受到威脅的可能就是他們的企業。

三、競爭優勢

在別人發生危機時，必然會受到媒體、監管部門的嚴格的監視，而這等於幫助自己打壓、消滅競爭對手，這時候自己唯一需要做的就是保證產品的品質。當對手由於產品的品質問題而產生危機時，能夠保證自己的產品沒有任何問題，這本身就是使自己脫穎而出的最好方法。

職場三缺一：公司不能沒有我

（讀品讀者回函卡）

■ 謝謝您購買這本書，請詳細填寫本卡各欄後寄回，我們每月將抽選一百名回函讀者寄出精美禮物，並享有生日當月購書優惠！
想知道更多更即時的消息，請搜尋"永續圖書粉絲團"

■ 您也可以使用傳真或是掃描圖檔寄回公司信箱，謝謝。
傳真電話：（02）8647-3660　　信箱：yungjiuh@ms45.hinet.net

◆ 姓名：＿＿＿＿＿＿＿＿　□男　□女　□單身　□已婚

◆ 生日：＿＿＿＿＿＿＿＿　□非會員　□已是會員

◆ E-mail：＿＿＿＿＿＿＿＿　電話：(　)＿＿＿＿

◆ 地址：＿＿＿＿＿＿＿＿＿＿＿＿

◆ 學歷：□高中以下　□專科或大學　□研究所以上　□其他＿＿＿＿

◆ 職業：□學生　□資訊　□製造　□行銷　□服務　□金融
□傳播　□公教　□軍警　□自由　□家管　□其他＿＿＿＿

◆ 閱讀嗜好：□兩性　□心理　□勵志　□傳記　□文學　□健康
□財經　□企管　□行銷　□休閒　□小說　□其他

◆ 您平均一年購書：□ 5本以下　□ 6～10本　□ 11～20本
□21～30本以下　□ 30本以上

◆ 購買此書的金額：＿＿＿＿＿＿

◆ 購自：□連鎖書店　□一般書局　□量販店　□超商　□書展
□郵購　□網路訂購　□ 其他

◆ 您購買此書的原因：□書名　□作者　□內容　□封面
□版面設計　□其他

◆ 建議改進：□內容　□封面　□版面設計　□其他＿＿＿＿

您的建議：

剪下後傳真、掃描或寄回至「2210

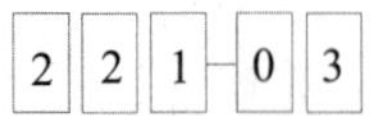

新北市汐止區大同路三段 194 號 9 樓之 1

讀品文化事業有限公司 收

電話/(02)8647-3663　傳真/(02)8647-3660

劃撥帳號/18669219　永續圖書有限公司

讀好書品嚐人生的美味

職場三缺一：公司不能沒有我